iT邦幫忙 鐵人賽　博碩文化

U0086559

生活資安五四三！ 第二版
從生活周遭看風險與資訊安全

第11屆 iT邦幫忙 鐵人賽 優選 iThome

學校沒教過的資安課？　這個時代大家都在談行車用路安全、
　　　　　　　　　　　公共衛生安全、食品安全，那麼資訊安全呢？

風險觀念人人都有，認識資安風險讓你生活少掉許多麻煩
這是一本大多數人都可閱讀的資安書籍
資安沒你想像中的難懂

iThome資安主編 羅正漢 ——— 著

作　　者：羅正漢
責任編輯：黃俊傑

董 事 長：陳來勝
總 編 輯：陳錦輝

出　　版：博碩文化股份有限公司
地　　址：221 新北市汐止區新台五路一段 112 號 10 樓 A 棟
　　　　　電話 (02) 2696-2869　傳真 (02) 2696-2867

發　　行：博碩文化股份有限公司
郵撥帳號：17484299　戶名：博碩文化股份有限公司
博碩網站：http://www.drmaster.com.tw
讀者服務信箱：dr26962869@gmail.com
訂購服務專線：(02) 2696-2869 分機 238、519
（週一至週五 09:30 ～ 12:00；13:30 ～ 17:00）

版　　次：2022 年 12 月二版一刷

建議零售價：新台幣 600 元
Ｉ Ｓ Ｂ Ｎ：978-626-333-317-8
律師顧問：鳴權法律事務所 陳曉鳴律師

本書如有破損或裝訂錯誤，請寄回本公司更換

國家圖書館出版品預行編目資料

生活資安五四三！：從生活周遭看風險與資訊
　安全 / 羅正漢著 . -- 二版 . -- 新北市：博碩
　文化股份有限公司，2022.12

　面；　公分 -- (iT邦幫忙鐵人賽系列書)

ISBN 978-626-333-317-8(平裝)

1.CST: 資訊安全

312.976　　　　　　　　　　　111018718

Printed in Taiwan

博 碩 粉 絲 團　歡迎團體訂購，另有優惠，請洽服務專線
　　　　　　　　(02) 2696-2869 分機 238、519

商標聲明

本書中所引用之商標、產品名稱分屬各公司所有，本書引用
純屬介紹之用，並無任何侵害之意。

有限擔保責任聲明

雖然作者與出版社已全力編輯與製作本書，唯不擔保本書及
其所附媒體無任何瑕疵；亦不為使用本書而引起之衍生利益
損失或意外損毀之損失擔保責任。即使本公司先前已被告知
前述損毀之發生。本公司依本書所負之責任，僅限於台端對
本書所付之實際價款。

著作權聲明

本書著作權為作者所有，並受國際著作權法保護，未經授權
任意拷貝、引用、翻印，均屬違法。

序

現在這個世代大家都在談資安，重要性不言而喻，但卻很少從生活來帶領一般人認識資安。

記得，在 2019 年參加 iT 邦幫忙鐵人賽時，我心裡就一個想法，因為過去自身就有生活上資安相關的心得，卻一直沒有機會整理，舉最簡單的例子，自己從學生時代就體認備份的重要性，但看到周遭有人缺乏或不懂備份觀念時，總是覺得大家應該都要理解才對，剛好，趁著參與鐵人賽的過程，就以生活為出發，將過去經驗中所知道貼近生活上資安的內容，做個簡單的統整。

特別的是，我發現用「生活資安」四字下去搜尋時，當時竟然沒有相關資訊，這的確是讓我有點意外，但也讓我覺得是該要有這樣的內容才對。或許，這也顯示了這類資訊通常都散在各處，包括社會新聞；要不就是更專業資安領域的內容，一般民眾不易搞懂。

因此，當時構思時其實很快就決定，會從三個面向切入：

第一，從生活經驗中，就有很多場景是一般人可以去思考資訊安全的地方。舉例來說，民眾使用在店家使用信用卡時的資安風險，以及電子支付，並探究國際信用卡組織提出的代碼化技術，是如何幫助減少卡號外洩可能性，還有我們在便利商店的經驗，大家是否可能聽過前面的美女帥哥，報出自己的手機號碼，或是在超商取件時，現在發現顯示的個資只會顯示遮罩後的姓名，以及電話末三碼。

此外，還有網路密碼設定的隱憂與風險，因為大家使用的網路服務越來越多，過往就容易使用相同密碼的狀況，以及個人容易忽略數位資產重要性的議題，還有近年勒索軟體威脅不斷，才發現大眾對於備份的觀念的不足等。

第二，有許多資安觀念其實已經一提再提，但還是很多非資訊或資安領域的人，連基本的概念可能都沒有。例如，什麼是弱密碼？什麼是雙因素驗證？不知道為什麼要系統安全性更新，以及遭遇勒索軟體不懂什麼是備份等，還有像是 Deepfake 這樣的新興議題。或許大家欠缺相關聯的認知，或是沒接觸到該方面情資，導致無從警惕。

第三，從生活面來看，自己會愛看小說、電影、影集與 Youtube 等，像是在租書店看到駭客禁區一書，當下就很感興趣，而電影更是看過有太多部與資安議題相關，甚至小小的橋段都透露出資安觀念不足的場景，還有像是從財經股票、網紅等面向也是自己會關注的部分，但一般多半不會從這些角度來切入資安。因此，從這些不同的生活娛樂領域來討論資安，也就成為自己許下的目標，並希望可以增加大家對於瞭解資安的途徑。

從上述三點來看，這樣的廣度，也讓我一開始就以生活為出發，腦中並浮現「生活資安五四三」一詞，因為，這不僅是紀錄一下平時想到的資安議題，同時也期望用邊聊天邊介紹的方式，讓不同工作領域的人先不要覺得資安很難，因為這裡不是講博大精深的密碼學，或是資安指引，看看一些資安五四三的東西，就是讓自己對於資安可以更開放的面對，而不是自我設限。讓大家能夠慢慢瞭解一些觀念，同時，如果你還想更深入瞭解某些部分，至少知道相關字詞，可以進一步去探究與搜尋。

另一撰寫此系列文章的原因，與筆者這幾年的工作有關，筆者是在企業 IT 媒體「iThome 電腦報週刊」，從技術編輯到資安主編，陸續報導許多企業 IT 的資安產品、技術與新聞事件，還有各式各樣的封面故事與專題，不過因為報導形式都是針對企業用戶的讀者，提供給企業的資訊，因此角度就會以企業該知道的事為主。

但除了專業領域的資安議題之外，有些具有普遍性的資安議題，其實也與一般人的資安意識有關。例如，很多網路攻擊事件是從一封釣魚郵件而起，以及有些企業會定期舉辦資安意識相關的教育訓練課程，或是網路攻擊者假冒企業名義散布釣魚簡訊，引起一般使用者上當。因此，一般民眾也該了解：自己必須要有該注意的資安意識與觀念。

只是，普遍給一般大眾閱讀的專業大眾媒體與專業網路科技媒體，有些寫得不錯，但常有資訊量不足的情況，如同前面所提，這些資訊通常分散在新聞資訊中，少有綜合性的整理。

而這次能夠獲得優選出書，最重要目的，就是希望讓大家先增進對資安的興趣，能夠多去認識資安。雖然一開始，其實也怕自己談不深，畢竟資安的東西接觸多了，就會知道資安下的每個領域都是一門專業；但同時也怕自己談不淺，畢竟大家對資訊、網路與資安的程度不一，如何能讓一般人都有興趣，我想是更重要的關鍵。

由於原本的鐵人賽文章，比較像是 Blog 隨筆雜談，因此後續規畫本書時，稍微調整順序，而在這樣的過程中，其實自己也發現，還有不少可以補充的面向，因此將一些關連性高的內容整併，並增加了超過一倍的內容，期望大家在生活上，能夠更注意到你可能過去沒想過的問題，以及懂得自己思考資安。

最後也要謝謝我老婆的支持，還有更重要的是同事與工作上認識到的大家，才能有更多專業知識的累積。

儘管第一次出書真的會很想盡善盡美，但這方面資訊過去也少見到相關統整，議題也太多，而我談的廣度似乎又更大，自己在整理內容時，還真的覺得工程相當浩大（難怪找不到有人寫這樣的內容）。但是，希望藉由我這樣的拋磚引玉，能有更多適合一般民眾的資安內容與書籍，可以讓更多人接觸資安，認識資安。

而在 2022 年本書第二版中，我又再增修了不少內容，部分章節都有修改、調整，甚至是新增，並增添最近一年半內的資訊。同時還新設全新的章節內容，像是從新聞看資安學資安，使得本書變更厚一些，希望讓各位讀者能認識到更多不同資安面向。

無論如何，生活就是最好的課堂，希望藉此讓大家對資安更有感。不論你是在學學生、社會新鮮人，或是各個領域的工作者，如果想要有更多接觸資安的機會，這本書絕對是你的首選。

▌資安觀念其實人人都有？

談到資訊安全，大家現在應該越來越不陌生，新聞媒體常常爆出資料外洩、電腦病毒、勒索軟體與簡訊詐騙等各種大大小小事件，在我們生活上，資安其實已經與我們密不可分。

在數位技術發展快速的世代，資安一直都是相對重要的觀念。筆者認為，資安觀念其實就跟衛生觀念、食品安全、行車用路風險一樣，是每個工作領域的民眾都應該要有的認知。

事實上，我相信大家在生活上都早已慢慢出培養一些資安觀念。

比如說，大家過往應該都使用過銀行的 ATM 提款機與提款卡，都知道要好好保管提款卡，知道提款卡密碼不亂告訴他人，其實你就已經有了基本的資安風險認知，因為你也怕自己的錢會不見。

但現在這個時代，還有更多無形的數位資產更容易被忽略，而且一個議題下，可能又隱含更多資安的知識與議題，

以資安知識而言，為什麼會需要提款卡與密碼來領錢呢？基本上這就一個雙因素驗證用戶身分的實例，就是透過用戶持有的認證裝置或設備（銀行核發的提款卡），以及用戶自己知道的資訊（提款卡的密碼），進而確認用戶身分才能進行提款的操作。

以隱含其他資安議題而言，像是上述提款卡密碼設定，有少部分人可能怕自己忘記而使用自己生日，這樣有風險嗎？你會這樣想，撿到皮包的人是否也可能這樣想，進而去猜到你的密碼？當然，社會上對於這樣的資安問題早就有所防範，因此，ATM 提款機上會有監視攝影鏡頭之類，從不同環節去控制這樣的風險。當然，一個一個探究下去，可以發現又有聊不完的資安觀念。

▍瞭解資安從風險觀念建立起，就像行車用路一般

其實，資訊安全的層面相當廣泛，而生活周遭又有太多與之相關，畢竟現在什麼都數位化的時代，也就意味著什麼都與資訊安全有關，因此，每個人對於種種資訊安全的議題都應該要能有更多認識，但較困難的是，隨著技術發展的態勢，雖然一些基本的資安觀

念雖然不會變,有些觀念則是要與時俱進。

要培養一般資安觀念,應該要先知道的是,資安跟風險其實有很大的關連,就像出門可能碰到意外,但人們能夠不出門嗎?即便不出門房子遇到地震也還是有危險要面對,像是我有同學就是 921 東星大樓受災戶;而現在的網路社會也是如此,上網有風險,但我們能不上網嗎?即便不上網,銀行擁有你的資料,資料外洩還是會與你有關。

當然,所有風險都是有大有小,而且很多環節是企業、產業、國家要去做到與規範,但也有些是個人要懂得注意,因此,至少要懂得將自己能掌控的部分掌控好。

本書是從生活周遭看風險與資訊安全,其實一開始在想資訊安全的面向時,自己會想很多,覺得很不好聊,因為可以講得太多,又需要解釋,這可能也是過去為何有資訊安全概論或專業資安領域的書籍,但很少見到帶一般人從生活認識資安的書籍出現。

例如,上網安全過去很多地方都有提到,大部分都是談一些通則,例如什麼不要亂點不要亂開。但真要細講,自己又覺得可以分的層次太多。加上情境不一、每個人的認知不一,像是上網安全可談的層面很多,例如,網站、連線、無線網路、詐騙、個資等等,單以上網安全而言,要小心釣魚網站、假冒的網站,然後合法的網站也有被植入木馬的可能性,所以這樣到底傳來的網址能不能點?然後電腦要有更新與防護,但還是有新發現的漏洞可以突破現有防禦,那到底現在是安全不安全。對於一般連上網都不熟的人,到底要怎麼能夠理解 >.<

這次從認識風險來談起，因為，老話一句，風險無所不在。我之前最常想過就是用騎車、用路來比喻。

例如，走在路上或騎車在路上，知道自己不撞人，但我想的會是別人技術不好或是狀況不好，需要小心不被人撞。畢竟，騎車的有三寶，開車的也有三寶，走在路上的行人也有三寶，另一層面就是以自身的角色來看所面臨的風險，開車的被車擦撞與騎車與走路被擦撞，可承受的風險可是大不同。

還有以騎車經驗而言，看到車子停在路邊會怕有人突然開車門，看到計程車、公車也會特別注意路邊動態怕突然靠邊載客，剛變綠燈時不要衝太快，怕橫向車輛在變燈之際加速而闖了紅燈。

這其實也就是所謂的防禦性駕駛，在自己遇到的交通情境中，認識到可能的危險性，並及早因應或注意。但也不只如此，還有諸多狀況，因此，保持車距與速度，留給自己多點反應時間，就是基本原則。

以行人用路經驗而言，在馬路口要小心車輛過關，有駕駛技術不佳。又或者是，行人站在馬路上跟人行道上，知道馬路上容易被車撞，但就算在人行道也有其他風險，是否車子有可能暴衝上來，或者是樓房外牆掉東西下來。因為就是有這樣的新聞事件發生，雖然這很難預防，但就是知道有其風險存在。

那不出門就沒事吧！遇到天災地震火災，其實還是會有風險要面對。

話說，用上述騎車用路來比喻，風險就是有大有小，機率高機率低，要如何避免靠的就是意識與概念。

而資訊安全層面是更大，網站、網路有資訊安全、金融也有資訊安全，通訊也有資訊安全，各層面及領域都有對應的資訊安全問題，**而且資訊安全更多是面對有心的攻擊者。**當然，對於普遍人來說，也不用想什麼絕對的安全，現在居家生活智慧聯網設備也越來越多，就算你不用網路也會有資安風險與你相關，就像政府擁有你的資料，卻不慎發生資料外洩事件，而且即便科技大廠也不時修補之前未知的漏洞，網路攻擊者也不會突然消失。

因此，**我們不僅是無法閃避資訊安全與風險的問題，同時也要體認資安無法做到百分百這件事**，因此，自己能否控制或承受這樣的風險，就是關鍵，盡可能瞭解風險，在自己可掌握情況下閃避這些風險，就是基本的態度。這也使得身處現代的我們，在生活上更必須多認識資安的種種。

或許，未來希望能從導演角度寫出一日系列腳本，相信邰智源的一日系列大家應該都認得，希望能將所有生活上可以注意資安習慣串起做成一集，讓大家可以更容易對資安有感。

目錄

21 年紀與職位，聊聊長輩學資安

22 淺談加密、加密、加密

23 從新聞看資安學資安

24 從網路小說、自傳、網紅、Podcast 看駭客故事與資安

A 後記

01

第一篇輕鬆點，從電影看資安、
個資外洩事件與隱私～

從生活上來認識資安，最讓人感興趣的方式，莫過於透過看電視看電影來瞭解！

事實上，在許多的電影片段中，其實都點出資訊安全與隱私的重重議題、或者是有關國家、社會的資安威脅，還有許多情節更是透露了生活上常見的資訊安全的議題，以及個人資安風險所引發的威脅。

甚至在有些電影中，資安風險就是劇情中圍繞的主軸之一。

1-1 從網路 N 號房、劍橋分析到完美陌生人

近年 Netflix 正夯，之前不知道大家有沒有注意到一部片，就是 2022 年推出的韓國紀錄片《網路煉獄：揭發 N 號房》，影片中講的是一起網路犯罪的問題，其實，當初這個社會新聞事件在 2020 年初，已經引起非常大的注意。

儘管這 20、30 年來，從最早網路聊天室以來，到手機被普遍使用更多人接觸網路，對於網路暗藏危機這件事，大家應該早已有所認知，但這起事件，鎖定的都是許多涉世未深的青少女，他們對於網路背後隱藏的危機，可能還不是那麼清楚。

雖然自己對於當時新聞事件都有所了解，不過在這個紀錄片推出後，我還是再去看了一下，除了有社會新聞記者接到檢舉信件後，

將此社會問題曝光，當中最有感觸的是，不得不佩服這些社會新聞記者的參與及編輯部的支持，還有學生新聞記者的努力不懈，能夠進一步去查證、挖掘出真相與協助破案，因為這樣的專題需要相當長的作業時間，還要面對這些犯罪人士可能帶來的人身威脅。

在此紀錄片中，除了探討網路性犯罪的問題，同時也讓外界了解，這些犯罪者是如何引誘受害者掉入陷阱。簡單舉例，像是犯罪者以匿名方式透過釣魚郵件，在 Twitter 社群平臺上以高薪、兼差廣告名義，取得受害者個人資料，並利用主打高安全的 Telegram 通訊軟體來聯繫，騙取受害者的露臉裸照或不雅影片，但實際上則透過其他不同方式將這些內容錄製成影片，以此作為要脅。

接下來，這些犯罪者甚至利用各種社群平臺上鎖搜尋到的受害者資料，並揚言要公布給親朋好友，總之就是透過各種手法，對她們進行威脅控制，讓這些一開始不懂保護自己的小女生，在受到恐嚇之後，又繼續依照犯罪者的要求，進行更多不堪入目的畫面拍攝。而犯罪者則將這些影片，發布到不同聊天室，並且建立不同會員制度來收取會員費。

在韓國 N 號房紀錄片外，在 2022 年，還有一部談論網路背後隱藏風險的紀錄片——《Tinder 大騙徒》（The Tinder Swindler），也值得一看，雖然這部片主要是交友 App、網路詐騙。

之所以我會想看這部片，主要也是這些年看到美國 FBI 對網路詐騙的警告中，近年有許多是針對戀愛詐騙警告，當然臺灣在五、六年前就有這種詐騙受害者的消息見報，許多是沒見到面就要匯款的，當然此紀錄片中可以看到手法不同，有很多受害者親自説出被騙的

經過，特別的是，犯罪主嫌是利用龐式騙局的概念來進行，每次展現出很有錢的約會，其費用都是來自所欺騙的上一個受害者身上。

另外還一個感想，當初我在 2022 年初看到這部片在 Netflix 上推出，想說 2019 年挪威媒體已有專題報導，但搜尋當時國內新聞，完全沒報導，直到 2022 年紀錄片出國內才討論。

還有哪些資安議題相關的紀錄片呢？在 2019 年 Netflix 推出的《個資風暴：劍橋分析事件》（The Great Hack），也相當值得一看。

這部 Netflix 紀錄片剛上映時，就受到不少人的追捧。其實，自己當下發現有這部片時，心裡有點興奮，因為自己之前看了一堆劍橋分析的新聞報導，現在有電影了嗎？還是記錄片？第一個念頭就是，這樣的內容應該很適合讓一般人接觸現實的資安事件，這可比文字要更生動得多。

> 根據維基百科介紹：「劍橋分析公司（Cambridge Analytica；簡稱 CA），是一家進行資料探勘及資料分析的私人控股公司。
>
> 然而，該公司在 2018 年 3 月，以不當取得 5 千萬 Facebook 用戶數據而聞名，隨醜聞曝光後，他們的客戶和供應商大量流失、內外部調查和訴訟費用不斷上漲，2018 年 5 月 2 日劍橋分析公司宣布「立即停止所有營運」，並在英國和美國申請破產。」（資料來源：維基百科）

簡單而言，故事與大家熟悉的社交媒體平臺 Facebook 臉書的有關，而劍橋分析這家公司，是一家專注在政治資料分析公司，最早

曾開發用於性格測試的「thisisyourdigitalife」App，以學術研究名義暗地裡蒐集用戶個人資料，爾後則是被揭露不當擷取 Facebook 用戶個資的事件。

建議每個人都可以看看這部片，儘管每個人對於個資、資訊權、或是基本的網路、Facebook，認識可能不一，但從這部片或許能得到更多想法。

例如，之前我也對劍橋分析事件很好奇，但片中我最興趣的是他們原來確實用心理學把所有人的個性分門別類，其實這個想法我學生時期就有，那時有一陣子很喜歡看心理學的書，還有讀過不少小說都引用「絕對的權力，只會使人絕對的腐化」，也曾經思考過人格特質分析理論。

而從多次的民主選舉來看，關於帶風向、炒作等選舉戰略，這些操作看起來應該也都很成熟。至於在此片中，也點出了網路世界同樣可以操縱的問題，而劍橋分析就是專精於此，其實我覺得也就是把同一套搬上網路世界。但還是讓人有恍然大悟的表情。

舉例來說，片中提到劍橋分析，製作美國所有選民的人格模式，瞄準他們認為會改變心意的人身上，也就是可影響者。

我在讀書時就有這種想法，個性一定很多種，但應該能具體歸類出幾大類別，（例如像是星座、血型，應該就是粗淺的一種分類吧！）畢竟生活周遭的經驗就可以知道，有那些人是容易可以被影響，而對於難影響的人，還是會有可以突破的點（就像電影決勝焦點那樣的布局一般），因此就會去想可以用什麼方法來突破。

在片中也說明了，他們的創意團隊設計了個人化內容，來觸發這些人，用部落格、網站、影片、廣告等管道來轟炸這些人，並用了想像得到的所有平臺，直到用戶看到他們要用戶看到的世界為止。

這樣的觀念應該不難想像吧，用電影來說的話，1998 年金凱瑞的「楚門的世界」（The Truman Show），應該就容易理解，這都不是什麼新觀念。

當然有人也會聯想，現實世界中，有些極權國家實施網路長城、高度言論管控的作法，企圖牢牢掌控人民思想，目的也很類似，容易讓人民缺乏資訊而思辨偏頗，促使人民淪為掌權者的工具。

而民主社會國家，面對網路資訊高速傳遞的現代，也有要面對的問題，雖然人民可以有更多發言與思辯空間，但需要憂心的是眾多境外煽動與資訊操弄問題，尤其牽扯到政治，當中總是有許多觀念錯置、誤導的引戰，而將理性討論埋沒，這也是民主社會還在持續發展進步下，需要不斷面對的挑戰，如何站在這塊土地國家的立場監督政府，讓政府進步改善並於國際自保，才能持續創造好的監督環境。

回到劍橋分析的影片，對於操弄美國總統大選，之後片中也說明，他們製作一套模式，獲得四到五千個左右的數據點，能預測美國每位成年人的個性，因為個性能驅使行為，行為顯然能影響你會投給誰，因此他們就會開始對特定的人士，散布非常精準的數位影片內容。這也讓大眾更意識到，資料數據是強大的武器。

另外，在 2020 年時，Netflix 還有推出一部紀錄片《智能社會：進退兩難》（The Social Dilemma），這影片當中，也讓大家對於社群平臺演算法的問題，可以有更多認知。

當然，或許有人還是覺得這種紀錄片太沉重，其實我會更想推的是另一部，是大家對隱私會更有感的一部片。在楚門的世界外，這部叫「完美陌生人」（Perfetti sconosciuti），這是一部 2016 年的義大利片，筆者大概是在 2018 年逛漫畫租書 DVD 店時看到，看到後面的電影介紹大感興趣，馬上借來看。

為什麼大感興趣呢？因為劇情設定太有梗。

在這部「完美陌生人」電影中，描述三對夫妻及一男子的老友聚會，期間有人提議要玩公開手機的遊戲，也就是無論收到簡訊、接到電話，都必須公開內容。而在此片中的假設，就是大家都願意玩，因此，當我看到 DVD 外盒背面的劇情介紹，馬上就有所感，相信大家腦海中，自然也會想到可能發生的秘辛曝光與衝突，而這也讓一般民眾對於隱私議題，更是有感。

我覺得相當有意思，可說是近年看過很喜愛的片，就不劇透了，但是這個義大利片不好租，不過 2019 年底在 Netflix 上搜尋這部片時，看到跳出《誠實遊戲》（Nothing to Hide），一查之下原來是完美陌生人的法語版，2018 年翻拍，劇情大概是 95% 雷同，能忠於原著相當不錯。（不過還是喜歡完美陌生人），而且現在已有多達10 多國翻拍。

此外，在 2020 年 6 月，「完美陌生人」這部片又被翻拍並在臺灣電影院上映，是德國翻拍，名為「親愛陌生人」（Das perfekte Geheimnis），幸好臺灣防疫得當，這部片我是直接到電影院去看，開心的是，劇情仍然能有 90% 雷同。到了，2022 年，又在 Netflix上看到還有中東的黎巴嫩版的「完美陌生人」（Perfect Strangers）。

無論如何，對於手機的隱私權，片中已經讓現代人有許多同感與想像空間，從人性來看，有時就連戀人也要保持適度的隱私，而政府立法與科技大廠該如何給予民眾與消費者適當隱私權，更是現代社會在持續探討的課題。

可能有人會問，隱私與資訊安全的關聯程度？維基百科在資訊安全一詞有對隱私方面的描述：**對於個人來說，資訊安全對於其個人隱私具有重大的影響**。基本上，隨著網路技術更趨先進，資訊安全與隱私保護的觀念也隨之更受重視。而資訊安全中對於資料的保護，也與隱私保護有關，當然，資安與隱私也存在著衝突之處。不過，兩者都是現在數位化時代下備受關注的議題，就像大家在瀏覽網站時，可能也都看過，**許多網站都會發布資訊安全以及隱私權保護聲明，或是公布隱私權及資訊安全政策**。

1-2 網路攻擊與資安議題已經常常出現在動作大片劇情之中

此外，在不少熱門動作電影中，也都充滿著網路攻擊與資安的元素，這類電影不少。例如，1998 年威爾史密斯主演的全民公敵（Enemy of the State），相信許多人都看過不下 N 遍，劇情中呈現了政府**網路監控被濫用**的危機與議題，再舉一個知名的系列電影，例如，由布魯斯威利所擔綱演出的終極警探系列電影，其中 2007 年第四集「終極警探 4.0」（Die Hard 4 Live Free Or Die Hard），更是一個經典的例子，在電影中，主角對抗了一群高科技恐怖份子。

身為恐怖份子的反派組織一方，利用高超駭客技能試圖掌控網路系統，包含交通、金融、民生相關資訊系統都是高科技恐怖份子的攻擊目標，壞人不旦攻擊電廠造成大停電，造成民眾恐慌，更是鎖定國家的財政資料，而主角一方也在劇中找到正義的駭客來反擊，一同拯救世界。

雖然相隔多年才再拍攝該系列，但終極警探 4.0 仍是緊湊的動作強片，而這部片的劇情，更是呈現了**關鍵基礎設施與國家金融遭駭入與控制的安全危機**，一旦被恐怖份子操弄，將造成近乎毀滅性的嚴重問題。

而上述這樣的安全議題，不論是政府監控與關鍵基礎設施安全，其實也就是真實世界在持續關注的議題。

還不僅於此，另一部電影系列大作，像是 2017 年上映的電影「玩命關頭 8」（Fast & Furious 8），除了展現汽車飆速的動作鏡頭中，也有身為恐怖份子的反派組織一方，利用高超駭客技能用一臺電腦並透過衛星，控制了方圓幾公里內上千輛汽車的場景。

這一系列已拍攝了那麼多的續集，場面依然能夠震撼觀影者的視覺，而這種遠端控制車子自動駕駛的行為，所展現的安全問題，就是在車聯網被駭入與控制。

近年來，萬物聯網的概念已然成行，在現實生活中，物聯網下的安全問題正不斷被探討與設法解決，而**車聯網安全**也是其中一環。

顯然，電影中的這些劇情，都反映了現實世界所面臨的挑戰，而資安的重要性當然也就不言而喻。

話說，提到**物聯網安全**，還有一部 2016 年的電影「絕對控制」（I.T.），劇情是由皮爾斯布洛斯南飾演一位公司大老闆，他的家人住在一個科技感的智慧住宅，故事劇情當中，是這位大老闆聘請了一位資訊方面的專業人員，以解決公司方面的問題，由於做得不錯，因此後來更是請該員工到家裡來幫忙檢查網路問題，結果，這位請來的員工不懷好意，竟然藉機控制了他家的物聯網裝置，監控大老闆一家人的私生活，在這樣的劇情中，也讓大家可以感受到，隨著家中聯網設備越來越多，但如果這些聯網設備不在自己的掌握，是件多可怕的事。而這些電影呈現的資訊安全相關情境，其實處處體現在我們居家生活周遭。

還有些電影的劇情是著墨於人工智慧太過強大，所引發的種種新威脅，這類電影雖然看似科幻，但也是想像未來科技進步之下，可能存在的 **AI 相關的安全問題與隱憂**，例如，2008 年的電影鷹眼（Eagle Eye），當中劇情是 AI 成熟到非常獨立思考，男女主角被迫需聽從一臺大型 AI 電腦的指示，要殺掉政府各部門的領袖，而遍布城市的監視器，都成為 AI 電腦獲取情報、分析，以提供指示的關鍵。

事實上，這類電影不少，還有像是 2004 年的機械公敵（I, Robot），除了描繪出人形機器人的成熟發展，也呈現出人工智慧覺醒有自我意識後，可能攻擊人類的危機，當中並也探討了機器與人性之間的關聯，以及機器自我學習發展的過程等。

更早記得還一部我很喜歡的影集，很早的劇情中也有相關的內容，也就是《X 檔案》（The X-Files）。拜線上影音串流平臺興起，現在要找到這樣的舊片變得容易，目前在 Disney+ 平臺上就有上架。

在 1993 年第一季的第七集中，男主角穆德在參與調查一間高科技公司總裁被殺的案件時，到這家公司智慧型大樓的總部調查，該公司工程師列為嫌疑人之一。有趣的是，看到劇中工程師在介紹公司時，提到像是人工智慧（Artificial Intelligence）、可適性（adaptive）、學習（Learning）等詞。

不過，沒想到後來這個工程師認罪，但穆德在進行犯罪測寫後，並不認為他是兇手，並且還猜測出，他可能是為了保護具有高度智慧的 AI 技術，才會認罪。

後續劇情中，穆德則是幫助這個創造出 AI 電腦的工程師，要用病毒去消滅 AI 電腦主機，因為，其實真實情況就是這個 AI 電腦殺了這家公司的總裁。

為了消滅這個如同電腦幽靈般的 AI 電腦，於是穆德需要潛入智慧型大樓，有趣的是，過程中也看到穆德是以調換車牌的方式，騙過智慧型大樓的車牌偵測，得以潛入，最後並與想要搶奪 AI 技術的國安單位人士對峙，最終，終於將病毒植入 AI 電腦主機。

1-3 還有諸多電影橋段，其實點出生活上常見的資訊安全的議題

上述電影也只是簡單舉例，事實上，還有許多電影、影集的內容與情節，也都於資安風險息息相關，而且是攸關個人的資安意識，甚

至還有太多太多電影中的一些生活小橋段，其實都是資訊安全有關的場景，相信你或多或少都有看過。

舉例來說：

- 怕忘記密碼於是把密碼寫在便利貼上，並且張貼於公開處。（2018 年電影「一級玩家」）
- 一棟大樓員工的識別證沒有保管好，被主角竊取用於潛入辦公大樓。（2021 年 Netflix 法國影集 Lupin「亞森羅蘋」第一集）
- 他人撿到手機並嘗試猜出密碼，後續透過社交平臺找出對方生日，成功猜出該手機的解鎖密碼。（2018 年電影「原本以為只是手機掉了」，這部片其實說明了很多資安議題，值得一看）
- 女兒失蹤，父親報案後想透過登入社交平臺追尋蛛絲馬跡，卻發現女兒對於登入安全很謹慎，並沒有方便下回登入而在瀏覽器儲存密碼。（2018 年電影 Searching「人肉搜尋」）
- 女主角非公眾人物但臉書與 IG 設為公開，使得身為書店店員的男主角，得以從結帳時留下的全名，從這些社交平臺了解其出生、家庭、工作與學歷，甚至從女主角公開的搬家照片，從街景識別出女主角家的位置。（2018 年美劇 You「安眠書店」）
- 夫妻兩人自拍性愛影片助興，卻不慎同步上傳到雲端，將影片對外分享出去。（2014 年電影 Sex Tape「愛愛在雲端」）
- 女主角在廚房忙碌時，在垃圾桶統中發現了其中一位男主角丟掉的列印紙張，竟透露不為人知的祕密，馬上跑到浴室與對方質問並憤而離開。（2008 年電影 The Accidental Husband「我的意外老公」）

這些都只是電影中的一個小小橋段，但更是與我們日常生活息息相關。其實，當中一些情節可能讓人不禁一笑，想想自己是否也曾經這麼做過，但同時也實際呈現出許許多多在生活上的資安風險與常識。好比如說，一級玩家中反派 Boss 索倫托將遊戲登入密碼貼在機器旁，這其實就是很多人都做過的事情，因為人們都怕忘記密碼而抄下，但密碼保管這件事容易疏忽，因此這也提醒了個人重要密碼放在顯眼位置的資安風險。

儘管你會認為，索倫托的辦公室也不能隨意進出，不過資安就是一層層防護起來，外人不能隨意進到公司，內部人員不能隨意進到索倫托辦公室，坐上遊戲艙沒有密碼不能登入其帳號。

1-4 推薦更多可以認識個人資安風險與駭客情節的電影與影集

當然，或許輕鬆一點的喜劇電影，更是多數人都喜歡看的類型影片，其中卡麥蓉迪亞主演的「**愛愛在雲端**」（Sex Tape）也不錯，當中描述一對夫妻因為錄下親密關係，卻無意間分享到之前已經送給友人的 iPad 上，為了要刪除這段影像，故事主角們就在這樣的過程中，帶來了許多的笑果。而這也是從「個人雲端備份與分享」，來看隱私與資訊安全的問題。

而在上述電影當中，我也特別推薦《**原本以為只是手機掉了**》（Stolen Identity），當中是以存有個人生活種種資料、照片的手機

為引，開門見山的以手機掉了這件事，描繪出其所引發的風險，而且，劇情中不僅顯現出手機對現代人重要性，突顯手機遺失、個資外洩、私密照與祕密外洩，以及社交工程、網路詐騙等，並且結合揪出網路犯罪黑手與殺人兇手，以及網路犯罪調查的情節。

自己當初在 2019 年發現這系列電影時，由於發現內容幾乎充滿相當多貼近個人資安風險的元素，因此後來看到又有續作相當興奮。

簡單來說，情節中男主角的手機不小心掉了，被他人撿到手機，然後身為男主角另一半的女主角要找對方時，聯絡到撿到手機的人，但這個撿到手機的人可是心懷不軌，取得聯繫資訊表示要歸還手機之際，透過網路社群平臺先是找出女方身份，進而找到遺失手機的男方身分，在瀏覽個人資訊後，嘗試利用相關資訊破解手機密碼，剛好因為男主角的手機解鎖密碼是使用生日，因此就那麼簡單的破解，不僅存取當中的資料，更是發現手機中女主角的多張照片。

接下來，還有一連串的劇情，包括女主角接受來自陌生好友的邀請，以及手機遭遇病毒攻擊、社群網站帳號被盜等劇情，以及女主角秘密被發現的情形。

不過，自己發現這部電影的時間比較晚，自己是到 friDay 影音串流平臺才有找到。

後來，這部電影也推出了續集，在 2020 年的《原本以為只是手機掉了 2》（Stolen Identity 2）當中，劇情上也有新的女主角在用手機連上店家 Wi-Fi 時，卻被假的 Wi-Fi 熱點所騙，導致手機個人資訊被攔截竊取的狀況，以及身為網路警察的男主角追查殺人嫌犯的故事，還有臥底警員調查非法入侵警局資料庫案件的故事。

在劇情上，包括了追查駭客盜走虛擬貨幣的案件，使用被駭手機想要釣出兇手的情節，以及架設網站埋惡意程式，希望吸引兇手上鉤，透過病毒取得受害筆電內建攝影機權限揪出對方身分的劇情，還有警方網站遭勒索病毒攻擊等。

另外，對於這類電影有濃厚興趣的人，這裡再提供一部德國電影《我是誰：沒有任何一個系統是安全的》（Who Am I – Kein System ist sicher）。會發現這部 2014 年的電影是看到 YouTube 有人解說影片，但當中的劇情，看起來是對於「人」是最大的系統弱點，以及社交工程的概念，有相當大的著墨，劇中是以一個身為網路駭客的男主角向警方投案為開始，而且電影結尾也非常呼應。

不過這部德國片，不確定臺灣之前是否上映，如今在串流平臺上也要找一下，Apple TV 及 Google Play 串流影片找得到，不確定是否有中文，Netflix 上可以發現其他國家地區有上架，也找得到臺灣的頻道有連結，但現在已經沒有內容，不知道是下架了還是還未上架。

此外，還有一齣自 2015 年推出的美劇《駭客軍團》（Mr.Robot），共有 4 季，當中網路安全工程師 Elliot Alderson 在人格分裂之下，晚上會變成肆意的駭客，後來又變成要拯救世界的駭客。雖然是懸疑網路驚悚片，但也呈現以駭客為題且獨特的內容。（這裡忍不住想要提一下，記得好像第二季第六集，導演使用復古懷舊的美國肥皂劇的風格，來表現 Elliot 的人格分裂，相當令人發笑。）

另外，最後再提一下 2018 年的美劇《安眠書店》（You），雖然這是一部心理驚悚犯罪類型的愛情片（16+），不過在第一季的第一集上半部，可以看到劇中同樣呈現出很多現實上的資安風險議題。

這裡大概描述一下劇情，一名書店經理 Joe Goldberg－喬，某日他遇到前來購書的 Guinevere Beck－貝可，之後就開始一連串的跟蹤，像是從女主角結帳時留下的全名，透過 Google 搜尋找到女主角 IG 與臉書，發現女主角的動態分享都是設為公開，因此，他很順利地從動態與照片，去了解女主角的出生、家庭、工作與學歷等，並且男主角也很清楚女主角在網路上所呈現的都是表面。

簡單來説，這些社群平臺的公開分享，讓外人都可瀏覽互動很方便，但被有心人士利用下，要蒐集這些資訊也就相對容易許多。甚至，男主角從一張女主角搬家的照片，透過街景，找到女主角家的位置。

之後男主角也實際到女主角家，又發現對方住在一樓公寓沒有關上窗簾，男主角站在街上就可以看清她的一舉一動，甚至女主角男友前來家中，於是男主角又是拿手機肉搜她男友，很快就找到對方身分。大家若有興趣，也可以到線上影音串流平臺去追劇。

 各種基礎建設都仰賴資訊系統，資訊安全議題近年是現實世界關注的議題

在電影終極警探 4.0 中，突顯了恐怖份子攻擊關鍵基礎設施的危機，而這種針對關鍵基礎設施的攻擊事件，這樣的劇情，讓觀眾驚覺關鍵基礎設施資訊安全防護的重要性，因為，一旦這些交通、金融、民生與油水電的資訊系統被壞人控制，是很恐怖的一件事，而這樣的問題是現實中存在的議題，實際上各國對於這方面都在重視。

難道以前沒有這樣的安全問題嗎，簡單來說，傳統關鍵基礎設施多是專屬的封閉環境，要攻擊可能是利用間諜、內賊，而現在朝向開放的聯網架構，有其好處，但也有其風險，所以使得現今的網路威脅也成為這些關鍵基礎設施的挑戰。

近年實際威脅事件：

- 2010 年：伊朗納茲坦鈾濃縮工廠遭 Stuxnet 病毒癱瘓。
- 2014 年：南韓核電廠資料遭駭客盜取，攻擊者並威脅當局關閉核反應爐。
- 2015 年：烏克蘭電廠被駭客攻擊，遭放置 BlackEnergy 惡意程式造成大規模停電。
- 2017 年：中東石油工廠所使用的施耐德（Schneider Triconex）製程安全系統被植入後門，造成生產流程被迫中斷。
- 2020 年：臺灣關鍵基礎設施業者中油、台塑接連傳出遭駭消息，引發關注。
- 2022 年：俄羅斯軍隊在 2 月 24 日湧入烏克蘭邊境，但戰事在 23 日已先打響，俄羅斯使用一名為「Foxblade」的網路武器攻擊烏克蘭眾多關鍵基礎設施，並且，這場戰事中持續有配合軍事行動的網路攻擊出現。

顯然，網路攻擊已持續發生，而軍事攻擊也會結合網路攻擊呈現新戰爭型態。

是否曾經想過網路上的行為分析？

話說，過去在 FB 上有很多的心理測驗遊戲，吸引許多人去玩，一開始我就沒碰，其實是有趣，有些是新技術的應用展示，但絕大多數都是有經驗下大概可以猜到怎麼一回事，看別人玩的成果即可，但主要也是過去網路經驗比較多，同時對於有關帳號連動或是其他第三方的東西，不熟悉，總是保持著一些距離。

前面提到劍橋分析的事件，在影片中，一般人將可更容易理解到，像是小遊戲與點讚的行為，都會成為可分析個人的資訊。

事實上這不難理解，大家多半也知道行銷學，掌握需求、精準行銷早已經談到爛，而顧客追蹤及行為分析自然也早被看重，尤其網路電商開始，網路廣告領域應用很深，各大平臺都希望能帶給用戶更好體驗，甚至於線上與線下的結合。

但你都可以多想想，因為凡事有一體兩面。往好的面向來看，就是能掌握用戶需求，提供更適合的資訊，但往壞的面向來看，若獲取資訊過多，也是可以透過這些資訊來利用。

另外，你可能也會注意到，在瀏覽器領域，近年來也更重視防跨站追蹤，除了上網行為分析，而隨著人臉辨識行為辨識技術發展，也將擴展到實體面。要懂風險，或許對於這些追蹤行為也要先有認識。

02

自己平時是否注意過在 ATM 提款，
以及在實體店使用信用卡的方式？

關於資安風險意識，其實人人應該多少都有，最簡單的例子，就是我們生活情境中，相信每個人都有去自動提款機（ATM）提款的經驗，大家可能從學生時代在郵局或銀行開戶時，就被告知，要注意提款卡的密碼不能隨便讓別人知道，也要注意提款卡的保管，就是會怕自己的錢被他人提領。是的，資安意識與風險意識就是這麼簡單。

在這樣的情境中，輸入金融卡「密碼」這件事，保護密碼安全，自然與資訊安全息息相關，但從提款這件事來看，其實還有更多資訊安全相關的基本概念，或許你可能早就已經知道。

大家應該記得吧！以近期前往銀行開戶的經驗為例，銀行除了會發給自己一張**金融卡**、**存摺**，也會提供一張**密碼函**，「幫你開戶的櫃臺行員並會與後面的襄理」一同出面，要你等等趕緊至**自動提款機（ATM）變更密碼**。之後你要提款時，就是插入自己的卡片，並輸入自己才知道的新密碼。而這種「提款卡＋密碼」的方式，其實就是身分驗證中，所要求的雙因素驗證。

2-1 認識雙因素驗證

何謂雙因素驗證？在資訊安全概論中，提到關於身分驗證技術，可依其所運用的驗證因子概分為三大種類，包括：

- 所知之事（something you know）
- 所持之物（something you have）
- 所具之形（something you are）

簡單來說，第一種所知之事，就是利用使用者自己知道的事情進行認證，例如密碼；第二種所持之物，是利用使用者自己才會持有的東西進行認證，例如上述的金融提款卡，其他還有像是門禁卡、晶片智慧卡與憑證等；第三種所具之形，是利用使用者自己本身獨有的生物特徵進行認證，例如指紋、人臉、虹膜、掌紋或聲紋來比對。而雙因素驗證，就是要有兩類驗證因子，進一步確認與確保身分驗證的安全。

例如先前提到的 ATM 提款情境，就是插入「提款卡」＋輸入「密碼」，來確認提款者的身分不是假冒的，就算不肖分子撿到你遺失的皮包，拿到你的提款卡，但由於不知道密碼，因此也無法從你的帳戶領錢。

而近年來，隨著身分認證技術不斷演進，像是在 2019 年，臺灣已經有銀行開始增加新的身分識別方式，以中國信託 ATM 提款機為例，開始提供指靜脈這樣的功能，在申請設定後，用戶日後要提款時，先輸入身分證字號，接下來就只要輸入「自設的指靜脈服務密碼」＋將手機放在指靜脈驗證器上「驗證指靜脈」，這同樣也是利用兩種不同驗證因子，透過雙因素驗證來確保提款者身分安全。

有使用雲端服務，你應該也已經聽過雙因素驗證

這裡提到的 ATM 提款，就是雙因素驗證的實例，藉由兩種不同的驗證因子，來確認用戶身分，不過，我想大家可能在使用雲端服務的經驗中，更是會時常聽過這一詞，因為在許多雲端服務中，其實都已經提供雙因素驗證的機制，來幫助用戶進一步增加帳號安全，但實際上在我們日常的 ATM 提款情境中，就可以有所體認。

不過要注意的是，在這些雲端服務上，由於雙因素驗證是用戶額外要設定開啟的機制，因此我們也時常看到許多帳戶被盜的新聞事件，在在提醒用戶需開啟雙因素驗證，才能為自己的雲端服務帳戶多一層安全保護。

2-2 注意提款卡密碼保護

不過，對於提款卡密碼的保護，密碼安全也有衍生的問題要去因應，不知道你是否曾經好好看過 ATM 提款機長什麼樣子？

其實平時大家在 ATM 操作時，可能已經不經意注意過，發現 ATM 上所安裝的反射鏡，數字按鍵旁會有遮版，就有資訊安全相關的實際措施。例如，反射鏡是用來讓民眾注意後方有無窺視等行為，遮版是用來遮掩民眾輸入密碼時，可以不被旁側看到。

當然，大家過去在操作 ATM 時，可能本來就有這樣的習慣，像是我會在 ATM 前方站好才能遮住背後人的視線，以防他人窺視螢幕，在輸入密碼時之前，也會習慣一手遮住一手輸入密碼，也就是盡可能讓密碼不被看到，相信很多人其實都有這樣的風險意識，保護自己的密碼不被看到。（話説，現在 ATM 機器在遮擋方面的設計應該都不錯，而隨著 ATM 設備更進化，現在其實 ATM 與銀行業者也已經發展出，在偵測到提款者後方有人靠太近時，可以在 ATM 螢幕上自動發出提醒等的安全機制。）

較特別的是，在提款卡密碼設定方面，也有一個資安議題是大家可能平時想過卻容易忽略。例如，由於早年或過往很多人怕忘記密碼，因此設定時，就有不少人是使用自己的生日當作密碼，你可能曾經聽過周遭親人，或是新聞報導有人這麼做，而這樣的結果，是否可能導致你遺失皮包時，撿到你皮包的人若不幸是不肖份子，看到你的身分證，拿到你的提款卡，是否就可能在你報案或通知銀行前的空窗期，藉此來猜你的密碼。或許大家早就聽過這樣的事，意識到風險，但也有人可能沒想過這樣的問題，不知道這樣竟然也會被他人有機可趁。

◀ 當大家前往 ATM 時，可以看到 ATM 上安裝的反射鏡，讓操作 ATM 的民眾能夠注意身後狀況，而數字按鍵區塊旁也會有遮版，避免旁側可能的窺視。此外，一些銀行現在還提供指靜脈識別的無卡驗證身分提款方式。

2-3 注意 ATM 相關的詐騙

除了盜領的安全議題，一想到 ATM，你還會想到什麼？大家可能想到的還有「詐騙」。近年社會大眾最熟知的，應該就是警方宣導「解除分期」付款詐騙手法，就連在一些 ATM 上也貼有相關警語。

不過這類詐騙的資安焦點其實不太相同。簡單來說，這類詐騙的方式，是有假冒電商的服務人員來電騙稱人員疏失，導致誤將訂單設成分期將連續扣款，然後又有假冒銀行的人員來電（同時詐騙集團竄改了顯示來電號碼），要求民眾前往 ATM 依指示操作以解除設定，使得受害者被騙，這也使得刑事警察局多年來不斷呼籲，聽到「要操作 ATM 解除設定就是詐騙」，千萬別上當。

這也的確與資訊安全有關，不過，環節重點並不在於 ATM，因為這類詐騙的資訊安全焦點，是詐騙集團的假冒客服人員，為何能知道民眾訂單內容與付款記錄，使得民眾可能誤信詐騙者是電商客服人員，因此這裡的資安議題是在電商或物流的資料外洩，不過為了因應這種 ATM 詐騙手法，相信大家在 ATM 機器上也常看到相關警示貼紙，或是在 ATM 螢幕介面上就有提醒，告訴民眾「ATM 不能解除分期付款」。此外，詐騙過程中還有另一個資訊安全焦點，則是很多人可能沒想到的是，來電顯示號碼其實可被竄改。這部分後面章節會再談到。

再回到 ATM 本身來看，除了小心卡片不要遺失、密碼不要被窺視，還有什麼樣的資訊安全風險？答案是側錄，或許很多人沒想過，但還真的發生過。

像是在 2015 年還有這樣的新聞事件，是國內警方接獲民眾通報，ATM 自動提款機卡片插入口疑遭不明人士安裝側錄器，警員現場勘查發現，發現插卡處黏貼一組側錄器面板，另裝針孔攝影機，側錄持卡人操作密碼。

幸好的是，有民眾發現得早去通報警方，後續警方也抓到嫌犯。雖然這樣的事情並不多見，ATM 上也都有設有監控鏡頭可於日後追蹤，而政府、金融業者、執法單位與法規，也會對這樣的問題有所因應，但這樣的事件，仍在在提醒所有民眾，包括密碼的安全、卡片的安全，都要當心。

顯然，在日常的 ATM 使用，已有不少資訊安全相關的諸多風險值得注意。更重要的一個觀念，這種資訊安全風險的責任，不是單單一方面做好就好，而是大家都必須具備：不論是金融業者、政府法規、執法單位，都有相應的責任來一同做到安全，而一般個人同樣也要做到自己的資訊安全保護。

2-4 去餐廳消費時，大家有想過會被 4K 攝影機拍到信用卡卡號嗎？

除了金融卡的使用，大家生活上還有另一重要卡片——信用卡，除了知道不能遺失卡片，在使用上也有一些資訊安全議題，可能過去你沒有更深入地去想過。（即便現在很夯的行動支付、電子支付，

背後多半也還是可能連結到 Credit card 信用卡，或 Debit Card 簽帳金融卡。）

走入便利的超商，到餐廳消費吃飯，乃至加油站加油，甚至各式零售店家買東西，在現金之外，拿出信用卡消費，相信是大家都曾有過的經驗，當然現在的支付很多元，像是結合悠遊卡等的信用卡，使用綁定信用卡的手機行動支付 App。

現在，我們就來談談臺灣消費者持有比例較高的信用卡。

相信大家對於信用卡都不陌生，一般而言，卡面上印有 16 位數的信用卡卡號，背後具有驗證用的 3 位數字 CVV 安全碼。但是，在外面消費時，大家是否想過卡號都暴露在外呢？

也許大家可能意識到，例如，當你將信用卡交給櫃檯感應時，身旁的人就可能看到內容，但你或許會想的是，他人應該看不清楚。

個人稍微想多了一點點，我是記得在 4K 監控攝影機開始流行時，當下我會覺得應該要比較擔心，因此拿出卡片時就會注意，不讓信用卡背面朝上，保護卡背的 3 位數字安全碼不曝光，是最主要的目的，另外，同時也會用手指在信用卡面上方，盡量遮住卡號不會全都露。

不知道大家有沒這樣想過，現在監控攝影機在公眾場所相當普遍，可保護店家及舉證，但擔心的主要原因是，在 4K、60fps 下，卡號、日期與背面的 3 位數字要被拍下，應該是不難。其實，記得自己過去好像有看過一則事件，是有人拿針孔型 4K 攝影機來偷拍信用卡資訊。

另外，就是在餐廳買單，你坐在位子上將卡片交給服務人員至櫃台結帳，但國內民眾其實大多都能抱持相當的信任，而且大家都這樣做，你也不太聽聞社會有這些事情發生。（其實，在 2016 年臺灣曾發生這樣的案例，加油站工讀生被盜刷集團收買，利用側錄機，用來側錄消費者的信用卡內碼等資料，但這樣的案例是少，畢竟事後應該很容易抓得到。）

當然，這都是跟風險有關。信用卡資料在實體店的消費過程中，資訊暴露的風險。雖然都只是小地方，但也就是看個人是否具有這樣的意識。

一般來說，看過不少人是將信用卡放在一個簡單的卡套，使用的時候直接以感應來支付。這裡介紹另一個較少人注意的信用卡知識，其實現在有些信用卡，卡片沒有凸版，甚至正面也不會帶有卡號（是放在背面），這樣的卡片設計是可以的喔。（臺灣轉換成晶片卡時間很早，所以國內已經少用到，凸版是為了傳統機械方式省去人工抄錄。）

因此，筆者現在拿出卡片自己感應時，正面就不會有資訊會被洩漏。而這樣的改變，看起來是近五、六年的新趨勢，不過也可能有幾個原因啦，像是不希望文字干擾卡片設計之類，因此信用卡卡號不顯示於卡片正面，僅顯示於卡片背面，或是國內信用卡凸版需求較少，因為商家設備多支援感應、插卡，而不用壓卡機。

◀ 例如這是上海銀行推出的小小兵信用卡，就是屬於卡片正面不會看到資訊。另外，國內主要信用卡製造的業者，大家可能不太會注意到，自己也順手查了一下，包括台銘、宏通等，還有像是身分驗證解決方案的外商 Gemalto。

2-5 關於卡片感應，市面上也出現 RFID 保護套

除了信用卡卡面的資料保護，感應的風險不知道大家是否曾注意過。

大家都知道信用卡感應就可以結帳，而這背後仰賴的就是「短距離非接觸式晶片卡」的技術，較特別的是，過去自己曾在找尋交換禮物時，發現原來對於卡片感應的保護需求與商機，市面上也有 NFC、RFID 保護套的產品，阻絕中間人攻擊，避免有人在身邊針對自己隨身的卡片，企圖未經允許的盜刷可能性。

大家可以想像，新的技術應用下，也會出現新興犯罪手法。不過，這類感應盜刷之前雖有聽聞，目前在社會新聞上還是少見。

2-6 關於信用卡卡號的雲端存放及行動支付與代碼化技術

除了實體信用卡片安全，將信用卡資料儲存於網路服務的動作，同樣也是生活上可能會輕忽的地方。

這裡舉一個許多民眾容易疏忽的面向，就是與日常手機拍照，上傳雲端相簿有關。或許你不曾這麼做，但是想一想，如果你有拍攝信用卡資訊的照片，並且存在雲端服務，一旦你的雲端服務帳號被盜，等於信用卡資訊也被盜。（當然，手機掉了又不設密碼也是，撿到手機的人等於連猜都不用猜，直接看到你拍攝的信用卡資訊照片。）

再來談到行動支付，這裡其實也會面對到卡號的安全與中間人的攻擊，當中有很多值得討論，不過這部分有可能變得技術一點，但你可以大概瞭解一下。

過去你可能想過信用卡安全的議題，因此發現有個叫做 PCI DSS 的安全標準。簡單來說，這是支付卡產業安全標準協會制定的安全標準，包含了技術面與作業面，因此，金融機構、特約商店與服務提供者在儲存、處理或傳輸付款上，都必須遵守相關規定。

近年你可能還發現出現新的相關技術，因為像是 Apple Pay、Google Pay 等行動支付平臺在綁定信用卡時，背後更是採用了代碼化技術。簡單而言，代碼化技術以保護存放的信用卡資料，也就是要降

低 App 綁定信用卡號風險，而安全防護的責任就會集中到提供或採用代碼化技術的業者或服務商。

舉例來說，現在用戶要用 Apple Pay、Google Pay 等支付都要先綁定信用卡，也就是先將卡片號碼輸入到這些支付平臺綁定，既然如此，將用戶的信用卡號綁定到上述 Apple Pay、Google Pay 中安不安全呢？

簡單來說，這項技術是讓信用卡的 16 位數號碼，置換為另一組 16 位數存放在手機並傳送，這可以讓原本的信用卡資訊，不會暴露在外。主要用意就是減少真實信用卡號外曝的風險。

不過，除了 Apple Pay、Google Pay、Samsung Pay 這樣的行動支付採用這樣的技術，大家也可能想到的是，現在各式電子支付又是如何做？我自己當時也去查，像是記得之前 LINE Pay 是有自家的代碼化技術。但就是自己瞭解後就會想要探究一下。

舉例來說，在 LINE 官方網站清楚說明了，LINE Pay 在卡號加密端使用代碼化技術 (Tokenization)，不過較特別的是，當中提到，與其他如 Apple Pay、Google Pay 等支付業者使用的加密技術，均屬國際組織規範下同等級的代碼化加密處理。

當然，在 LINE 與街口這類專門支付相關業者之外，令人感到好奇的是，那些非支付起家的零售業者，他們的 App 開發，對於信用卡綁定的作法呢？記得台灣大車隊的 55688 App，是採國際發卡組織提供的代碼化技術，但我們生活上，還有超商、賣場與百貨的

App，他們也有採用新的代碼化技術嗎？各專屬的代碼化技術安全程度是否有差異？好像沒有看過資安研究員有這樣的調查，因此，一般大眾也可以持續關注相關發展。

像是 2020 年初，曾查詢了全聯 PX PAY、新光三越的 Skm Pay，在其官方網站上，雖然未提及代碼化技術，但至少有指出符合 PCI DSS 支付卡產業資料安全標準的規範，做到信用卡資料安全。

不過，相信未來代碼化技術的應用，應該是會越來越常見就是，不論是業者自己實作，還是採用國際組織的方案，減輕業者自己導入 PCI DSS 的麻煩。

畢竟，之前曾看到 VISA 推動的代碼化技術，已經說明對於商家 App 方面可分兩種形式，一種就是在 App 綁定信用卡方面的 Card On File Tokenization，另一種則是在商家 App 內，就可使用其他採用代碼化技術行動支付的 In-App Tokenization，也就是可在商家 App 內選用 Apple Pay、Google Pay、Samsung Pay 等支付選項。

當然，隨著新技術的演進，安全技術是一步一步在進步，未來還是可能又有其他新技術與機制出現。

此外，除了這裡談信用卡號綁定在手機支付 App，過去在電商網站上輸入信用卡號，你是否曾經想查過，電商有無盡到安全責任呢？還是選擇貨到付款，或是更多是使用行動支付。

2-7 用行動支付感應或掃碼也要注意

以行動支付而言，在感應支付方式外，還有一種是 QR code 支付方式，最後這裡也有一個可能的濫用狀況需要注意。這跟之前 2-5 節提到信用卡保護套防範未經授權感應有點類似，但不是有人偷偷感應盜刷，而是有人偷掃描你的 QR code（被掃模式，即由付款人展示支付工具 QR code 供商店掃描）。

前兩年，印象中就有看到國際社會新聞的報導，就是顧客用手機準備付款結帳，在打開支付條碼頁面時，被他人掃描 QR code，直接從帳戶盜走金錢。雖然，通常做出掃描條碼動作時，通常都在眼前發生，應該能注意到才是，但該新聞指出，大家都知道結帳有時需要等待，而等候期間卻有不肖份子從身後靠近，並以自己的手機當成其他店家，偷偷掃描其手機中的 QR code，從而轉走支付工具中的資金。

 走進超商你還想過那些資訊安全議題？

在超商，過去大家可能都有一個經驗，就是在排隊結帳時，**聽到前面的人為了會員積點，報出了自己的手機號碼**。這時，身在後方的你，是否曾經想過這女子（男子）很好看，因此想要偷偷記下對方的電話呢？

當然，大家現在可能更習慣用 App 來會員積點，現在隱私規範也變得越來越嚴謹，你應該也有這樣的經驗，領取網購的超商取件時，只要說出訂購者真實姓名與手機末三碼，而拿到的包裹上，民眾個資其實都會儘可能的遮罩。

此外，關於超商的風險聯想，像是結帳台上方的數位看板，上方設置了攝影鏡頭，你是否想過這是幹嘛用？

一般而言，這類資訊蒐集與精準行銷的應用，很早就開始發展，可經由人臉辨識系統來判別消費者目光位置、年齡、性別等資訊，計算人數，透過資料庫與廣告內容交叉分析，主動投放符合此客群偏好的廣告。但是，技術導入一陣子，業者是否繼續有在使用，或是增加新的能力，外界比較難得知。

隨著未來技術發展，人臉辨識應用也更智慧，將會帶來很多分析效益，因此商家仍會持續看重，可想而知的是，後續這方面的資訊安全風險議題探討仍將繼續。

2-8 小結

最後，這裡也再次說明一下，大家看到文章中對於信用卡的使用，談到很多不同面向的風險，重點是讓大家對於這些風險有所認識。

當然，風險也是有大有小之分，從相關新聞事件報導的頻率就可以大概知道，那些比較常發生，那些有可能發生卻不多見。重點還是平時就要知道這些情形，可以多少注意一下，當有相關新聞事件爆出時，則是更要提高警覺或採取行動。

此外，上述這些問題的風險確實是有，但有些沒想像中那麼大，例如，以信用卡而言，不論是信用卡組織與發卡銀行，對於盜刷問題都有一定防範，也有爭議款機制，從不同層次去解決這樣的問題，舉個簡單的例子，對於信用卡卡片遺失、盜用、被竊的部份，銀行業者在信用卡定型化契約有所規範之類，像是經查證遭盜刷、冒用，可免除自負額責任。但是像網銀被盜用遭盜轉，若是沒有當下銀行與執法單位沒有立即攔截，轉出海外可能拿回機率就小。

無論如何，基本的風險觀念民眾還是必須注意，這裡舉個最簡單的例子——像是信用卡掉了要立即掛失，收到簡訊通知或電子郵件通知，發現有未經自己授權的交易，應盡速聯繫發卡銀行——應該是大家都有的常識。大家過往也都注意到，刷卡交易超過 3000 元，銀行會 SMS 簡訊通知（各銀行不一就是），其他通知方式大家不知道有沒注意，包括郵件、銀行 App，或是串接 Line 機器人，像是加入銀行的 Line 官方帳號綁定手機號碼，每次交易都會提醒。

另外附加一個也要注意的風險，小心假冒詐騙通知的手法，與銀行聯繫可到門市或要確認從官方網站提供的聯絡方式，以及要確認是官方的 Line 帳號之類。小心假冒銀行的釣魚簡訊、釣魚郵件、釣魚網站，以及偽裝的官方帳號。

03

從警察破案新聞，看用戶對
使用 Gmail 安全的疏忽

在生活上，從警方偵破的社會案件，也可認識不少與民眾使用網路服務安全有關的知識！

例如，刑事警察局在 2018 年 9 月 5 日宣布偵破一起網路犯罪事件，與一般民眾雲端服務帳戶被盜有關，甚至還會導致自己的網銀被盜！在這個偵破的事件中，犯罪者的手法是利用許多民眾以電話號碼作為網路帳戶密碼的習慣，入侵用戶 Google 帳戶，進而將網路銀行存款盜領。

在這樣的事件中，突顯了幾個問題，是大家可以去思考的事，自己有沒有注意過這些細節？簡單來說，問題層面有三，包括密碼設定不夠安全、兩步驟認證未開啟，以及主要電子郵件帳號外洩嚴重性的問題。

關於這起 2018 年 9 月的新聞事件如下：

刑事警察局公告：偵破黃〇岳等 8 人網路銀行盜轉集團案

媒體新聞報導：使用者 Google 帳戶密碼安全意識不足，導致網銀存款遭盜轉

刑事警察局在 9 月 5 日偵破一起網路犯罪事件，手法是利用許多民眾以電話號碼作為網路帳戶密碼的習慣，入侵用戶 Google 帳戶，進而將網路銀行存款盜領。（資料來源：刑事警察局與 iThome，https://www.ithome.com.tw/news/125782）

在這則新聞中，報導了警方的破案過程：

（一）一開始有受害民眾報案，銀行帳戶被人盜用並轉帳
（二）調查掌握情資後，偕同多個單位破案
（三）破案後公布調查結果
（四）呼籲民眾注意

這裡先簡單說明一下，從這起社會案件新聞中所提供的調查結果，可以看出犯罪集團是如何進行網路犯罪。

原來，犯罪集團是先鎖定了民眾的 Google 帳戶，用猜出帳號密碼的方式，來登入到民眾的雲端郵件 Gmail 與雲端硬碟。

為什麼用戶的密碼會被猜出？這是因為，犯罪集團他們可能從某個地下管道取得用戶已外洩的個資，包含姓名、郵件、電話等，進而使用這些資訊來嘗試猜出密碼，也真的有部分用戶密碼被猜到。

之後，犯罪集團還會再從被害人的 Gmail 或雲端硬碟，找出重要個人資訊，包括金融往來資料、密碼，以及身分證件等資訊，目的是要冒用被害人身分，進而撥打電話給受害人的銀行客服，變更存戶聯絡電話，在變更成功之後，犯罪集團登入被害人網路銀行時，就能用變更後的人頭手機門號，接收動態密碼確認身分，來成功登入並盜轉金錢。

▌3-1 認識資料外洩現況

談到這裡，一般民眾可能要建立一些觀念，那就是過去網路服務興起，對個人資料保護較不足，所以許多個資可能早已經被竊取。儘管有些已經網路服務已經著手強化，但你可以想到的是，早期被竊取的資料仍有可能在外流竄。而且，隨著現在帳號越來越有價值，駭客攻擊不斷，因此新的資料外洩事件頻頻傳出。

其實你這一兩年來，或多或少都注意到資料外洩的新聞。

新聞報導：美國國稅局遭竊 10 萬民眾稅單，駭客盜領退稅恐達 15 億

2015-05-27 | https://www.ithome.com.tw/news/96205

新聞報導：全球遭殃！資安專家踢爆 2.7 億人 Email 憑證外洩，連 Gmail、雅虎、微軟都受害

2016-05-04 | https://www.ithome.com.tw/news/105731

新聞報導：駭客在網路上兜售自上海警局盜來的 10 億中國人民資料

2022-07-05 | https://www.ithome.com.tw/news/151769

新聞報導：2 千 3 百萬臺灣民眾個資疑似流入駭客論壇兜售

2022-10-28 | https://www.ithome.com.tw/news/154033

你可以想像一下，早年網路與數位化的興起，但網路安全的觀念還不興盛，當時資安防護應該比現在少，相對來說，駭客竊取資料會比現在更容易些。

但是，近年資料變得更有價值的情況下，資料外洩問題仍是持續不斷發生，上述新聞僅僅是非常少的例子，幾乎每週都會有資料外洩的狀況。

為何會如此？你可能要先有個概念：隨著網路攻擊威脅日益嚴峻，儘管近年業者都開始更有意要求做好資安，但一般民眾或許沒想過，資安真的如此容易就做好嗎？身在暗處的網路攻擊者，只要找到弱點並成功利用，就有機會突破，而相對地，你可以從防禦的角度來想像，只要有一次沒有防禦成功就失敗了。

還有，使用新技術卻管理設定不當的狀況，也一再發生。因此，時至今日我們仍時常聽到，有業者公布資料外洩事件，或是有資料洩相關事件被資安業者等揭露。

或許你不清楚，資安其實是場不對等的攻防，攻擊方僅需單點突破，防守方卻需要全面防堵，即便現在資安防護越來越受重視，但，所有業者都能一下子就有辦法達到高防護能力嗎？這些業者也都是要逐步強化與提升（當然，很多狀況是業者遭遇後才改善）。

試想高度數位化的現代，會有哪些資料具價值可能被竊取？

簡單來說，除了企業本身的商業機密資料、內部機敏資料、政府也同樣會有全民資料，還有許多網路服務平臺會蒐集顧客資料。

多年來，國內商業機密被竊取的狀況，時有所聞，尤其是被境外竊取的情況，因此，政府很早就有營業秘密保護法，希望在國內建立公平市場環境，更要避免國內研發成果被他人竊取，讓臺灣企業保有國際競爭力。

這部分看似與一般個人較無關，但大多數人都是一間企業組織的員工或老闆，若大家（個人）不注重這方面保護，也是會影響到公司或組織。

再者，大家普遍看到資料外洩新聞時，與一般個人密切有關的，包括企業或組織的個資外洩，包含像是可能姓名、生日、聯絡方式等個資，甚至信用卡號、銀行帳戶資料外洩，以及網站帳密外洩。

這些個資外洩同樣時有所聞，不論是大家熟知的電商顧客資料外洩，進而被不肖人士得手並用於詐騙，這些平臺的資安防護能力不一，受到關注。

還有像是前些年人力銀行資料外洩，因為這類業者也幾乎掌握大半國民資料，同樣受到重視，甚至是政府的戶政資料外洩，這類狀況國內外也持續發生。

因此相關威脅就是如此，除了政府、企業更要防範可能引發的威脅，同時，每個人都應該知道這些情形的普遍，因此也要多點防範之心。畢竟，幾乎全球各國都面臨政府與當地企業資料外洩情形，這並不只發生在臺灣，美國、中國還有各國幾乎都有相關消息。

當然，這篇主要更是希望大家注意的是，網路服務平臺的帳密資訊外洩！

若是這些服務網站在儲存用戶你的密碼時，完全沒有加密，也就是以「明文」方式保存資料，這更是糟糕的情況，如果有對這些帳號的密碼妥善加密保護，至少還好一點，但駭客仍然有機會去破解。

試想，一旦網路服務認證的帳密被盜，或是個人身分資訊被冒用，會發生什麼事？

因此，對於一般民眾而言，我想應該**先對帳密外洩這件事，要有些認知，了解帳密外洩的現況**，才會更知道為何要呼籲大家，在不同雲端服務最好不要使用同樣的密碼，以及要開啟雙因素驗證等。

簡單來說，除了網站服務必須持續強化登入安全性的防護，個人同樣也要重視帳號安全。

♟♚♟ 有個人資料外洩事件沒公開怎麼辦？

你可能還會想到，是不是有資料外洩事件卻沒有公布的情況呢？的確，因為有些企業被駭而不自知，甚至可能覺得有異但也不調查，而知道還隱瞞的話，大眾應該就會覺得更可惡，因為這對於所有用戶與受害者來說，用戶不就更無法知道該公司是如何處置因應，問題依舊存在，受害者也不知道可以採取的自保行動，而隱瞞的結果也可能造成更多傷害。

因此，你可以看到國際趨勢上會有相關立法。舉例來說，2018
年的歐盟通用資料保護規則（GDPR），在企業責任方面就有對
外洩個資的嚴格要求，包括必須在 72 小時內通報資料保護主
管機關，而如果這個外洩資料對於當事人會造成重要的危害，
也應該要及時通知當事人。

此外，從近年國外趨勢來看，像是許多企業不幸發生顧客資料
外洩，除了揭露事件調查報告，對外告知客戶其因應作為，以
及客戶該做什麼事，另外，到 2021 年時還會看到，業者開始
會對受影響顧客，提供 1 至數年的身份資料監控服務。

3-2 又是輕忽密碼設定的問題，你還要知道哪些原因可能造成帳密外洩！

在刑事警察局偵破的這起網路犯罪事件，第二個要注意的焦點是，
他們利用一般人可能用自己電話號碼當密碼的習慣，所以能夠成功
登入受害民眾的 Google 帳號。事實上，許多人為了密碼要好記，
就是用自己方便的生日、電話，**但是，你想的到，別人也想的到**。

也因此，這起犯罪事件用上了這般並非高深技術的手法，卻依然能
夠奏效。

另外，大家也可以換個角度想一下，若是這些有心人士或駭客，想要取得你使用的網路服務的帳號密碼，可能有哪些方式？還有更多網路攻擊手段，你可能也要有概念。舉例來說：

- 透過已經外洩個人資訊嘗試破解
  這是使用技術含量不高的手法，先是非法取得已外洩個資後，再去假冒用戶進行嘗試，包括電話、生日等。

- 駭客可以鎖定網路服務平臺攻擊
  - 駭客鎖定網路服務平臺的網站帳號資料庫，一次將可取得大批用戶帳密，因此業者在此風險下，必須做好這方面相應的保護。前面也提到，若是以「明文」的方式保存非常糟糕，需使用足夠安全、加密的演算法來處理資料，以及使用具加密能力的通訊協定來保護傳輸過程等。
  - 駭客利用網站的漏洞，將惡意程式碼植入網站，攔截相關資料被。因此網站與應用程式安全也是業者要注意的部分。

- 駭客也可以鎖定這些網路服務的使用者攻擊。
  - 透過社交工程手法，假冒 XX 名義，冒充官方的身分，以假系統通知信，並利用郵件、社群或通訊平臺、簡訊、假網站等多種管道，傳送釣魚連結，引誘你前往偽冒網站，也就是釣魚網站，騙取你的帳號密碼，讓你輸入的帳號密碼，其實是傳送到駭客建立的網站伺服器。（甚至現在還出現騙取你的 OTP 驗證碼。）
  - 透過社交工程手法，有些不請自來的惡意郵件，是以帶有腥羶色新聞的郵件主旨與檔案、與時事話題相關的郵件內容、

聲稱好康優惠訊息的郵件內容，甚至偽裝重要信件，欺騙你點選郵件附檔，引誘你開啟檔案，但其實是具有惡意的檔案，執行後會暗中執行很多步驟，以植入鍵盤測錄程式，攔截使用者在鍵盤上輸入的密碼，或是具有竊密功能的惡意程式、金融木馬等。

— 透過社交工程手法，在網路上、論壇上散布免費工具軟體，或是散布免費破解軟體，或是破解工具，當中同樣藏有具竊密功能的惡意程式。

— 利用軟體漏洞攻擊，像是駭客利用瀏覽器漏洞，將惡意程式碼植入網站，讓受害者瀏覽這些網站時，被導向下載惡意程式，進而在受害電腦安裝具竊密軟體。

（這裡談的竊密功能的惡意程式，當然駭客也可能安裝各式惡意程式，像是後門程式遠端控制等，帶來更多風險）

 當心網路釣魚威脅，「不輕易點擊連結，盡量不打開附檔！」

你可以看到駭客除了竊取機敏資料、個人資料，還能針對網站服務竊取顧客帳號資料庫的內容，而當中也會有鎖定網站服務的攻擊方式，也會有鎖定使用者的攻擊方式，甚至也會植入惡意於網站鎖定使用者的方式。

事實上，在企業資安面對的威脅中，熟悉資安新聞的人可能都已經知道，有不少資安業者發布的報告中指出，近年來有超過

9 成的成功網路攻擊，是從一封網路釣魚（Phishing）郵件開始，主要原因是攻擊者認為這種方式簡單又很有效。

因此，這也是為什麼，普遍常會提醒大家，「不輕易點擊連結，儘量不打開附檔」。

而且，有些社交工程釣魚郵件是廣發型，使用者最好都能有警覺，更難防的是針對型、目標式的內容。

大家或許都要想一想，例如，這封郵件（訊息）的內容，真的是否有需要打開或點擊，尤其是那種聲稱好康的內容。同時更要認知到，非同步管道難辨真假的威脅，對方寄件者名稱可能偽冒，但電子郵件信箱根本完全不同，或是信箱偽造相像，甚至對方信箱整個被盜用進而冒充。（切記！不只電子郵件，社群平臺、即時通訊、簡訊來訊，真的就是對方嗎？想想對方是否可能被盜）

要知道，駭客會利用各種手法，讓你點擊包含惡意的檔案，將惡意程式安裝到你的裝置上，因此，點擊前就要多想想，而裝置的安全更新、安全防護功能，同樣很重要。

也要認知釣魚網站，畢竟你一但信以為真，就等於是自己將帳密交給對方。而且，現在壞人不只是騙帳號、密碼，更會騙你的 OTP 驗證碼，務必警覺，已有太多新聞事件，企業員工、個人都有發生。

3-3 資料外洩當心身分冒用風險

第三個要注意的焦點，之後犯罪集團更假冒被害人，撥打電話給銀行客服，變更存戶聯絡電話為犯罪集團持有的人頭電話號碼，然後就能接受認證簡訊，登入你的網路銀行盜轉，在將錢從人頭帳戶提領。

為何受害者能夠假冒被害人身分呢？

簡單來說，犯罪集團登入到你的 Gmail 後，就發現裡面很多有趣的東西，像是有銀行的通知信，甚至也有更多個人資料，因此有機會去冒用你的身分，透過銀行客服打電話變更個人資訊，關鍵更是在變更用戶的手機號碼。因為，現代人的手機與手機號碼幾乎已經成為自己的分身。

因此，對於銀行業者與金融監管機關，看到這樣的消息，就會想到，現在提供民眾方便的服務，透過銀行客服比對資料就能修改用戶電話號碼，是否太過方便而不夠安全，是否需要改成臨櫃持雙證件才能辦理。

而個人也該注意到，你的資料的重要性，以及自己個人郵件電子信箱的重要性，要知道，不肖份子或者也能登入你的其他服務，因為可以用忘記密碼這招，將認證信寄到你的 Email，然後重新設定。

因此，對於一般民眾而言，事件中警方有提醒幾件事：

（1）勿設定易於猜解的帳號密碼。

（2）勿將個人資訊、密碼及私密檔案存放雲端，避免因帳號遭人破解後，取得相關資料用於詐騙或其他非法用途。

（3）民眾若是發現銀行帳戶存款有遭盜領的異常情形，請向申設銀行反應及報案。

3-4 許多大型雲端服務的應用，已成民眾不可輕忽的重要資產

總結來看，在這樣的社會新聞事件中，其實可以分成好幾個要注意的點，這裡簡單說明一下：

1. 要先知道個資外洩的嚴重性，新聞幾乎常常都在報。

2. 密碼設定最好不要用簡單的生日、電話（也就是自己的個資），以及一些弱密碼。

3. 密碼不能太簡單還有很大的原因，這裡犯罪集團只是用很土法煉鋼的猜，其實還有很多自動化執行的工具，用你在其他服務外洩的帳密，去嘗試破解之類。（下一篇我們會繼續談到）

4. 對於雲端帳戶被盜用的事件，很多人也許會想到，Google 帳戶本身有提供兩步驟驗證，理論上不應該那麼容易被猜出就被登入，因此筆者就有對此一問題詢問，原來警方說受害者都沒有開啟兩步驟驗證。（話說，現在很多雲端服務其實都有提供較強的雙因素驗證，你曾經注意過嗎？）

5. 許多人可能忽略許多大型雲端服務，像是 Google 等帳號，已經是民眾的重要數位資產之一，而且很多資料是你可能不經意就上傳到雲端。舉個最簡單的例子，如果你有開啟相片雲端同步，有時拍下的資料是不是背景儲存到雲端了呢？

♟♙ 許多社會資安事件其實與一般民眾息息相關

筆者過去報導了許多企業資安相關新聞，但畢竟是企業 IT 媒體，因此多是站在企業面向來說明，不過有些資安事件影響廣泛，像是這則社會案件，雖然最後引發銀行用戶被盜轉的問題，也談到詐騙者是如何冒名打給銀行客服，將用戶連絡電話更改為犯罪集團持有的人頭電話號碼，這個環節成為企業也要關注面向，不過，整起事件有大半過程，其實與個人的資安意識有很大的關連，呼籲一般人要能認識或注意這些問題，我覺得也同樣是相當重要。而這些新聞資訊，其實也就是個人時常可以關注到的威脅情資。

而且，有時有些報導往往可能漏了某個環節，使得一般民眾可能就更不容易抓住一些關鍵。例如警方提到這些嫌犯猜出用戶 Google 帳戶密碼，但自己當時就會想，不是有兩步驟驗證的機制？如果這樣還被突破就要更小心，詢問警方後，才知道這些受害者沒有啟用兩步驟驗證，因此這些嫌犯猜出密碼就可以登入。

無論如何，企業員工也都是一般個人，企業除了規範員工，現在也都是希望教育員工有資安意識，畢竟透過社交工程手法入侵的事件太多了，而一般人對於生活上資安意識的增加，其實也將有助於在工作上的資安意識培養。

04

認識弱密碼，不只
123456、1234qwer ！

前一篇提到了「**弱密碼**」一詞，什麼是弱密碼？簡單來說，就是容易被暴力破解或是容易被猜出的密碼。

那什麼又是**暴力破解**呢？基本上，就是透過工具把所有密碼都嘗試一遍直到找到真正的密碼，例如單單是四位數的阿拉伯數字密碼，就有從 0000 到 9999 共 1 萬種組合，全嘗試一次就會找到正確密碼。因此，密碼長度越長，理論上暴力破解越不易。

然而，弱密碼的問題不僅於此，以容易被猜出的密碼而言，像是第三章提到的社會新聞事件，不肖份子利用人們常使用生日來當作密碼的習慣，配合地下管道購買的已外洩個資，就能嘗試猜出用戶密碼。

現代使用者，在登入網路服務時，對於輸入密碼這件事，已經習以為常。不過，其實大家應該都有經驗，許多網路服務在密碼設定時，會要求使用混合大小寫英文字母、數字與特殊符號，目的是希望用戶不要設定簡單的密碼，但這樣所衍生的問題，則是容易記不住密碼。因此，又衍生了許多問題，像是設定了自己方便記憶，但卻是大家也都可以想到且會使用的密碼，甚至，另一衍生的弱密碼問題，是每個服務都用同一組密碼，這樣還不弱嗎？

對於一般民眾來說，現在使用的網站服務越來越多，密碼也越來越多，但密碼設定這件事，很多人就不夠重視，或者說，早年可能看起來這不是問題，但隨著網路服務帳密竊取的攻擊趨勢增加，影響也就越來越多。

現代人，可能使用了多少雲端線上服務，又擁有了多少帳號呢？我想，這應該請個相聲演員來表演，會讓大家更有感。XD

從雲端郵件服務 Gmail、Outlook.com，到社交平臺 Facebook、Twitter，以及即時通訊 LINE、WhatsApp、Telegram，乃至於微軟帳號、蘋果帳號，接下來，還有論壇討論區像是 Mobile01、PTT、巴哈姆特、BabyHome 等，各式拍賣網站像是 PCHome、Momo 等，而且，上述各類型都僅是簡單舉幾個例子而已，就已經數不完，接下來還有各式各樣的線上遊戲、影音串流平臺、金融網銀，以及各式各樣的雲端應用及產品應用。更何況，現在零售業也切入數位，就連你去全家超商申請會員也有帳號密碼，去超市全聯申請會員也有帳號密碼，去量販家樂福申請會員也有帳號密碼，去百貨新光三越也有帳號密碼。

可以想像的是，早年要記的密碼數量少，但現在要記的數量，應該已經超出一般人腦容量，記得有看過調查，每人平均擁有的網路服務帳號多達 100 多個，如此可想而知，現在的密碼設定問題，為何讓大家感到如此頭痛。

4-1 除了不要設定弱密碼，也要當心不要在多個雲端帳戶使用相同的帳密

基本上，常見的密碼設定問題，都是可能輕忽了密碼設定的風險，以及與為了方便記憶有關。例如：

（一）不要在多個雲端帳戶使用相同的帳號與密碼，你方便，駭客也方便

隨著使用的服務越來越多，註冊帳號一多，人們自然就容易會養成不同網站的帳號，都使用相同帳號密碼的習慣。

為何不能在多個雲端帳戶使用了相同的帳號與密碼呢？在第三章已經提到原因，因為帳號密碼個資外洩的現況嚴重，這意謂著，帳密只要外洩一次，其他服務也有被登入的可能性。現在很多帳密外洩事件的新聞中，其實都已經會提醒這件事。

> 在資安專業術語上，利用大量外流的電子郵件地址和密碼，並透過自動化的方式來嘗試入侵，這種手法稱之為撞庫攻擊，英文是 Credential Stuffing，也有稱之為帳密填充攻擊。

（二）使用了弱密碼，容易被自動化工具暴力破解或直接猜出

這裡再整理一下，有那些弱密碼要注意，容易被現在的自動化工具暴力破解或直接猜出，因此不要使用。

- 使用自己的個人資訊當密碼。就如第三章所提，你想的到，別人也想的到。你會用自己電話、生日，或是身分證字號等，別人取得已經外洩的資料，就可以猜到你有可能用這些作為密碼。要認識這樣的風險。

- 使用太簡單的密碼。大部分人常舉例像是 123456、12345678，這種純數字又符合最低密碼長度要求的密碼，最不安全，

但其實不止，還有像是鍵盤排列的 qwerty，密碼的英文單字 password 等，甚至簡單變化的 p@ssw0rd，password123、1234qwer、1qaz2wsx 其實都是弱密碼，也都是大家覺得好記，因為很多人同樣這麼記的密碼。

我覺得更重要的關鍵，就邏輯來看，最常被人使用的密碼就是弱密碼。

即便國人可能使用注音輸入方式，來產生一組英數密碼，像是「5k4g4au4a83」對應「這是密碼」，看似特殊，但這就跟 p@ssw0rd 或鍵盤排列的密碼一樣，以及公司名稱＋ 123 一樣，越多人用同樣地組合或原則，其實就越會變成弱密碼。

此外，有興趣的人，可以看看 SplashData 公司公布的報告，他們是密碼管理程式供應商，他們之前曾公布每年度最常見最糟糕的密碼「Top 100 Worst Passwords」，或是另一間 Dashlane 公司，他們也有揭露一些使用糟糕密碼的清單與事件。

> 另一種攻擊手法，以同一組密碼去嘗試登入大量的帳號，這種攻擊手法則稱之為密碼噴灑攻擊 password spraying。

當然，基本上還有一個原則，就是**密碼長度建議要長**。容易被暴力破解的，基本上就是越短的密碼，越容易被破解。大家可以想想，20 多年前或更早，許多網路服務就有帳密登入，驗證身分，當時可能是要求輸入 6-8 碼，但，那是那個時代，當時的電腦效能有多強？ 20 年後，現在的電腦效能又是多強？有了這樣的認識，對於

風險應該也能有些想像。現在，一些服務都已經可以輸入 18 碼以上，並還會提供雙因素驗證等機制來保障。

至於帳號被盜的風險，最後也補充一下，我想大家都可以想像得到，這裡也簡單舉例，像是第三章的真實事件，當民眾主要電子郵件信箱被盜，個人的重要敏感資訊都被看光光，已經引發很大的風險，加上現在很多服務也仰賴電子郵件信箱註冊，等於又引發更多風險；若是社交平臺、即時通訊被盜，你的身分就可能被冒用，像是傳惡意連結給你的朋友，向你朋友借錢。

 關於維基百科對於弱密碼的說明

弱密碼是易於猜測的密碼，主要有以下幾種：

1. 順序或重複的字符：「12345678」、「111111」、「abcdefg」、「asdf」、「qwer」鍵盤上的相鄰字母。

2. 使用數字或符號的僅外觀類似替換，例如使用數字「1」、「0」替換英文字母「i」、「O」，字符「@」替換字母「a」等。

3. 登錄名的一部分：密碼為登錄名的一部分或完全和登錄名相同；常用的單詞：如自己和熟人的名字及其縮寫，常用的單詞及其縮寫，寵物的名字等。

4. 常用數字：比如自己或熟人的生日、證件編號等，以及這些數字與名字、稱號等字母的簡單組合。

（資料來源：維基百科）

SplashData 發布的 2018 年度最糟糕密碼

從國際間來看，有那些密碼因為被大量使用，而成為最糟糕密碼呢？舉例來說，SplashData 發布的 2018 年度最糟糕密碼中，第一名到第二十五名分別是：123456、password、123456789、12345678、12345、111111、1234567、sunshine、qwerty、iloveyou、princess、Admin、welcome、666666、abc123、football、123123、monkey、654321、!@#$%^&*、charlie、aa123456、donald、password1、qwerty123

（資料來源：SplashData）

4-2 預設密碼的問題也該要有認知

另外，在上述密碼問題之外，預設密碼的問題，同樣也必須瞭解，不過這邊多指一些系統設備的管理介面。

一般而言，民眾使用的網路服務，應該很少有預設密碼吧？但也有是首次給你一個預設，再提醒要你變更，像是初次拿到提款卡密碼的情境。

關於預設密碼的問題，這裡簡單舉一個例子，像是無線網路設備的管理介面，IP 監控攝影機的管理介面，通常使用者拿到設備，只想

到功能可以使用就好，其實不會注意或是想到要修改預設密碼，另一方面，設備商過往也沒有強制要求使用者變更這個預設密碼，我想某些原因可能也是怕使用者有忘記密碼的問題，但是，這類網路設備卻也衍生了其他風險。

例如，設備只要暴露於網路之上，加上設備的說明書其實在網路上都可查到，而網路攻擊者也發現原來很多人都不改密碼，造成可以輕易取得設備控制權限。（這部分後面談物聯網時會再提到）

▌4-3 該如何設定比較安全的密碼？

至於如何設定比較安全的密碼，其實可以聊很多，這裡說明幾個重要的概念。

大家可能之前聽過，密碼越複雜越安全，然而，我們往往記不住隨機組成、混合大小寫英文字母及數字的密碼。**以現在的密碼設定建議方向來看，越長越好。**

在 2017 年有一則新聞，不知道大家是否注意過，內容是前美國技術與標準研究所（NIST）主管 Bill Burr 曾受訪表示，後悔當時制定了複雜的密碼規則。

Bill Burr 是在 2003 年規範了現代密碼要求的專家學者，當時的建議密碼原則，是包括大寫字母、非數字的符號，以及最少一個數字等規則，還有建議最好定期更換密碼。

但如同前述說明，現在人由於記不住密碼，大部份使用者的作法，就是將密碼抄在便利貼並貼在螢幕上，或是設定了「P@ssW0rd123!」等可兼顧原則的密碼，只是，重複使用的規則變化，其實要知道，駭客反而更容易預測及破解密碼。

有沒有更好的密碼原則呢？在 2017 年 6 月，NIST 技術顧問 Paul Grassi 發布了新版安全文件，將**密碼規則修正**，例如，**將一些使用者可記憶的文字來組成字串，像是 Puffineatingbanana**，這也就是將 Puffin、Eating、Banana 這三個單字串成一個長密碼。

因此，從現在密碼設定的趨勢來看，原來強化安全性的方法，其實也都會要修正的，像是密碼原則的要求就是一例，這其實也給一般民眾很大的省思，過去的安全，是不是現在也可能不夠安全。（不過這要談下去可能又會叉遠了，先回到原本的題目）

無論如何，如何記憶可能是用戶挑戰，那麼，除了上述使用多組好記憶的英文單子來連成長字串，還有變化呢？

例如，不少是提倡三組字串結合，像我可能用「一個熟悉的密碼字串」+「較特殊的鍵盤排列」+「非三等親的朋友電話號碼」，然後還可以加上尾碼的概念（像是身分證字號最末碼）。（但還是要想，規則用多了，是否就變得有跡可尋）

最近也聽過有建議，是拿三組電話號碼、密碼連在一起。其實大家可能都有自己的一套方法，產生大家不容易強碰，又要能記得住的密碼。

至於如何不重複使用同組帳號密碼，其實還是很大的挑戰。我覺得，一般人可採取的行動，至少讓主要 Gmail 或 Outlook 帳號，都要與其他較不重要的網路服務帳號分開，也就是使用不同的密碼，另外 Line 或 Facebook 帳號，以及銀行帳號，也都是生活中常備，同樣不要使用相同密碼，避免外洩一個帳密，導致其他服務也被登入。

還有其他方法嗎？不少資安專家提到使用密碼管理工具，算是目前較推薦的作法，可以是幫助人們記憶不同帳號的密碼，並且保護用戶密碼的安全，包括 1Password、Dashlane、KeePass、LastPass，以及 NordPass、LogMeOnce、Roboform、mSecure、Zoho Vault、Bitwarden、Keeper 等。

當然，你或許還會進一步想到，這些幫助自己管理密碼的工具夠不夠安全，很好，你現在越來越有風險的觀念了。

 從網站服務說明文件，學密碼安全設定

不知道你有沒有注意過，像是許多網站服務也會有說明文件，提供協助用戶設定安全密碼的提示。

舉例來說，在 Google 帳戶說明的網站中，針對安全密碼設定，就有三大建議：1. 請勿重複使用密碼。2. 使用較長且較容易記住的密碼。3. 避免使用個人資訊和常見字詞。

對於將密碼保存在安全位置也有兩項建議：1. 將寫下的密碼藏好。2. 使用密碼管理工具。

特別的是，在這份問與答的說明文件當中，對於密碼設定，其實也有詳細說明一些基本的訣竅或注意事項。不過，一般人使用 Google 帳戶，可能從沒發現有這些資訊。例如：

（一）關於請勿重複使用密碼

- 請為重要帳戶（例如電子郵件和網路銀行）設定不同的密碼。
- 如果這類重要帳戶都使用相同的密碼，會有很高的風險。如果有人取得您某個帳戶的密碼，就有可能取得您的電子郵件、地址，甚至是錢財。

（二）使用較長且較容易記住的密碼

- 長密碼的強度較高，建議您設定至少 12 個字元的密碼。下列提示可協助您設定較長且較容易記住的密碼。例如：某首歌曲的歌詞或某首詩的詞句、某部電影或某場演講中的名言佳句、某本書中的一段文字、對您來說別具意義的字詞組合，或是縮寫——選用句中每個字詞的第一個字母做為密碼。
- 請避免選用可能會被下列人士猜到的密碼：認識您的人、能夠輕易取得您的相關資訊（例如社交媒體個人資料）的人。

（三）避免使用個人資訊和常見字詞

- 請勿使用個人資訊，避免使用其他人可能知道或可輕易找到的資訊來設定密碼。例如：您的暱稱或姓名縮寫、您的小孩或寵物的名字、重要的生日或年份、居住地的街道名稱、您地址中的數字。

- 請勿使用常見的字詞或模式，避免使用容易讓他人猜到的簡單字詞、詞組和模式。例如：容易猜中的字詞和詞組，例如「password」或「letmein」；連續的字母或數字，例如「abcd」或「1234」；依照鍵盤字母排列，例如「qwerty」或「qazwsx」。

（資料來源：Google，2021 年 3 月）

4-4 瀏覽器與網站服務也有強化密碼安全措施

另外，除了用戶本身，每個人要注意密碼設定上的問題，其實你也可能已經發現，為了強化網路帳號安全，在用戶以外的面向，其實也有持續在增加或改善相應的防範機制。

例如，以瀏覽器業者而言，他們在瀏覽器的功能上，大家應該都知道瀏覽器提供有「記憶密碼」的功能，提供使用者方便的附加功能，但記憶的密碼有無妥善保護？

其實，這幾年瀏覽器本身對密碼的保護是有改變與提升，只是，沒有長期關注有點難説清楚。像是早年就有人議論，Chrome 儲存的密碼沒有保護，如果他人借用你的電腦，打開瀏覽器的密碼設定頁，就能直接看到該電腦用戶記憶的網站服務密碼，後來，記得瀏

覽器業者隔了許久有提出改善作法，像是 Chrome 好像要系統存取權才能檢視密碼。

後來你又可以看到，瀏覽器本身的功能也會協助改進使用者的密碼設定，例如，現在不論 Chrome、Firefox 等會幫你在註冊帳戶時，自動給你一組亂數產生並是很長的密碼，然後再透過瀏覽器內建的技術保護，而不是採原本記憶密碼的功能機制。

此外，後來 2019 年因為帳號密碼外洩問題嚴重，我們又看到 Firefox 瀏覽器整合與 Have I Been Pwned（HIBP）網站合作的 Firefox Monitor，可讓 Firefox 用戶造訪曾經發生資料外洩事件的網站時，就會跳出通知，後續 Chrome 瀏覽器也有了 Password Checkup 的外掛程式，後來更是直接整合成為 Chrome 瀏覽器內建安全檢查功能，可檢查是否有外洩過的密碼。

由於各瀏覽器的作法與進度，真的要持續關注才搞得清。有興趣的人，可以多瞭解，才能知道現在又提升到什麼程度，而這樣的持續改進發展，其實也可以讓你知道並沒有絕對的安全，自己還是要多注意。

再來，以網路服務業者而言，用戶身分驗證的功能機制上，難道沒有提供防止盜用的機制嗎？例如，一些業者會提供異常登入警示，也就是說當多次嘗試密碼失敗之後，系統就會限制該帳號短暫不能再嘗試登入，或是，當有他人從你不常使用的 IP 位址或裝置登入，系統也會發出警示。

另外，這裡特別要提兩件事，**第一，如果你已經超過 7、8 年都沒有變更過密碼，最好也檢查一下密碼是否曾經外洩；第二，更重要**

的是，就是現在許多網站服務會提供雙因素驗證的機制，這其實就是避免帳密外洩的多一層保護。

嚴格來說，雙因素驗證更是現在網站帳戶安全的最大重點，不過，密碼設定這樣基本的觀念，每個人也都要能有個初步的概況了解才是。

4-5 請啟用雙因素驗證

在第二章介紹 ATM 提款時，其實就已經談過雙因素驗證，多一道驗證關卡，才不會一旦帳號密碼被盜，就很容易被盜用。基本上，風險都是相對的，帳號越困難被盜用，風險自然是越小。

但是，這裡有一個重點要知道，由於網站服務提供的雙因素驗證或兩步驟驗證，通常不是預設開啟，因此，用戶你要懂得自行去設定才會啟用。

看到這裡，我想你最好先去看看自己的 Google 帳戶、微軟帳戶、甚至 Facebook 帳戶等的雙因素驗證，是否已經開啟。當然，這種情形到 2021 年開始有所轉變，像是 Google 從 2021 年底到 2022 年，分階段推動預設開啟 2FA（也就是 Google 所稱的兩步驟驗證 2SV）。讓有它更好的選項，變成強制。未來可預期的是，更多平臺可能也會這麼做。

但無論如何，以個人來說，在平臺未強制下，自己應該站在自保角度，早應該是要啟用雙因素驗證才是。

另外，現在的第二因素驗證有很多種，我想你也可以多一些了解其發展與現況。因為，隨著技術演進與攻擊態勢，早年舊的方式可能被發現新的風險，另外也有新的方式出現，因此你可能也要偶爾去關注一下。

例如，相信國人已經對於用手機接收來自 SMS 簡訊的 OTP 認證碼，應該並不陌生。關於 OTP 密碼，中文常翻一次性密碼、動態密碼，全名是 One-time password，簡稱 OTP，每隔一定的秒數，例如每 60 秒產生一個不可預測的隨機數字。

另外，國人可能也有接受過來自語音電話將 OTP 碼唸出來的形式，不過語音電話的場景是相對少，記得筆者早年在微軟帳號為了嘗試語音電話的效果，聽過一次，大概就是透過文字轉語音技術，將原來的 OTP 數字碼唸出來。

不過，自 2017 年後，你可能會看到有這樣的新聞報導，內容是提及透過手機接收發送 SMS 的 OTP 驗證碼，可能有潛在風險要注意。甚至，到了 2020 年，科技大廠微軟也再向外界呼籲，建議用戶不要使用透過電信業者簡訊、語音形式的多因素驗證，並鼓勵改用 App 來接收動態碼資訊，或是採用硬體式的驗證方案。（而事實上，以微軟帳戶為例，該平臺提供的多種證明使用者身分方式，除了早期透過電子郵件或簡訊傳送 OTP，還有以 Microsoft Authenticator App，使用 Windows Hello，或是 FIDO2 實體安全金鑰的方式）

既然如此，大家看到上述這類消息，應該有什麼樣的認知呢？

從相對性來看，大家可能會比較容易搞懂。**簡單來說，雙因素驗證是很重要的一項機制，若是服務本身沒有 SMS 簡訊 OTP 以外的別的驗證選項，有簡訊 OTP 驗證，仍然比沒有多一層防護要強，只是，若於眾多驗證方法相比，簡訊 OTP 驗證又會是一個相對不安全的方法。**

基本上，簡訊 OTP 是增強安全的方式一種，相信大家可能有這樣的經驗，在使用網路銀行做轉帳時，有些銀行會傳送簡訊要求再次輸入簡訊密碼，其目的就是要確認該轉帳行為是否為本人操作，只是，隨著針對行動電話而來的中間人攻擊不斷出現，而且**不肖份子也能透過釣魚網站騙走你從銀行收到的 OTP 碼（2021 年 2 月的假冒國內銀行釣魚簡訊事件），甚至是惡意程式攔截你的 OTP 碼（2021 年 1 月揭露的台灣大哥大 A32 手機事件）**，因此在國際間與資安領域，也越來越鼓勵採用更新的方式來驗證。當然，要轉變也都是需要時間，同時這也跟各國法規面的要求有關，未來國內也應該是會慢慢跟進或規範更好的新做法，因此民眾本身的資安意識就更重要，可以減少風險發生在自己身上的機率，像是提早察覺可能是釣魚簡訊，以及不購買白牌手機。

此外，前面談到了以 App 來接收認證資訊，以及實體安全金鑰，這也是現在大家可以認識的部分。

首先，這類 App 其實同樣是利用手機來接收認證資訊，只是資訊是傳到 App，而不是透過 SMS 簡訊去傳送。談到 App 驗證，簡單舉例，包括 Microsoft Authenticator、Google Authenticator，還有

Authy 等，大家有興趣都可以去了解與使用，因為型態上也還是有差異，像是微軟現在是用戶端出現 3 組數字，讓你按壓正確的數字，因此不用輸入密碼，Google 是手機按確認鍵，Authy 則是出現動態密碼需要輸入。

而**實體安全金鑰**，英文是 Security Key，這其實是基於 FIDO（Fast Identity Online）聯盟所發展的網路身分識別，目的更是要擺脫傳統密碼的束縛，減少密碼的使用，降低網路釣魚與帳密外洩的影響。不過，要理解 FIDO，你可能要把身分識別與身分驗證弄清楚，還有生物識別與安全模組的搭配等，也要大概知道 FIDO 標準包含 UAF、U2F 與 FIDO2。

這裡就不談那麼深了，簡單用情境來舉例，例如，你在登入微軟或 Google 等雲端服務時，你只要購買了一個可適用的實體安全金鑰（通常是一個小小 USB 裝置的形式，品牌包含 Yubico、歐生全 Authentrend、美商動信 Gotrust 等），將該實體安全金鑰註冊至雲端服務，之後你在登入該網站服務，除了輸入帳號或帳號密碼，同時也需要將該實體安全金鑰接在電腦上，透過觸碰該裝置或指紋辨識來驗證，就能夠安全登入。此外，除了 USB 的連接方式，其實還有 NFC、藍芽的形式，甚至還有將手機模擬成 USB 的應用方式。

另外，現在手機上登入也有這樣的應用，例如，國泰銀行「國泰世華行動銀行」與「KOKO」App 的用戶，在 2020 年時，可能就收到登入安全新升級的通知，介面上也向用戶簡單說明，關於 FIDO 標準與生物辨識所帶來方便與安全性，讓民眾可以透過指紋辨識登入 App，而且是基於 FIDO 標準的安全規範。

此外，還有國人非常普遍的 LINE 即時通訊，在 2020 年底、2021 年初，也正提供基於 FIDO 的登入方式，像是大家要在 LINE 電腦版登入，以往做法可能是輸入帳號密碼，或是掃描 QR code，現在只要在 LINE 手機 App 先從設定啟用生物辨識功能並完成首次登入後，之後，用戶在 LINE 電腦版上登入過程就很簡單，只要輸入自己的電話號碼，按下以智慧型手機登入按鍵，之後就能在手機收到登入確認通知，這時只要按下確認並在手機上以生物辨識進行驗證，待驗證通過後，LINE 電腦版這時就會登入成功，使用者完全不用輸入密碼，而這樣的驗證方式也都是基於 FIDO 標準的安全規範。還有像是微軟在 2018 年支援 FIDOS2，以及 Google 很早年就支援 FIDO UAF，在 2022 年底也將新推一項 FIDO Passkey 的機制，顯然，FIDO 應用其實在我們生活周遭是越來越常出現。

無論如何，從弱密碼的安全問題，一直聊到最新無密碼的新趨勢，雖然真正要無密碼，其實還在發展，但現階段目標就已經在減少密碼的使用，這樣的資安趨勢，或許也讓大家可以有一定的了解。

注意異常登入與檢視登入裝置

在這次弱密碼的主題中，其實後面不少都是圍繞在網路服務帳號安全，除了如何設定安全的密碼，認識相關帳號安全機制，還有一個面向，就是許多網路服務都會有登入通知，以及可以查看登入裝置的介面，這也是大家可以了解的部分。

像是筆者之前就有遇到朋友詢問，是因為他發現自己 LINE 帳號好像有在不同裝置上登入的情形。通常，使用者在不同裝置上

登入自己的 LINE 帳號時，使用者會收到 LINE 官方帳號的通知訊息，而這位朋友的問題是，她在 LINE App 中，開啟「設定」-「我的帳號」-「登入中的裝置」，看到有其他裝置登入的情形，而我在詢問她是否有印象從這些裝置登入後，她說沒有，因此我就建議她將這些裝置登出，最好也更改密碼或是關閉允許自其他裝置登入。

基本上，自己發現異常登入的通知時，就要有所警覺，另外就是偶爾也可以檢查一下自己登入中的裝置，

畢竟，多裝置登入的好處是讓使用者無論是在使用手機、平板、電腦，甚至 Apple Watch 等裝置，都可以使用 LINE 來聊天或查看訊息，然而，登入裝置太多時也可能忘記登出，如果其他裝置又借給別人，或是遭感染惡意程式，其實也就會有其他風險產生，**限縮登入中的裝置**，也就是一種風險意識。

除了 LINE，還有像是 Google 帳號、APPLE 帳號、微軟帳號等各式網路服務，其實同樣也都有注意自己帳號安全的需求。

總之，這些服務的帳號安全設定、隱私安全設定，是使用者自己能掌控的部分，至於如何設定，由於各服務的 UI 介面與選單每隔幾年可能就有變化，建議大家從官網找尋相關資料，或是搜尋相關關鍵字尋求相關教學，並將搜尋時間設定為最近一年（或再調整），從可信任的網頁找到資訊，但也要注意網路上常會有舊文重貼的情形。

05

記得檢查自己的手機
作業系統安全更新！

手機是現代人隨身的重要 3C 產品，大家每天都用手機來上網、與人溝通，甚至沒帶手機出門比沒帶錢包鑰匙出門還有恐慌感。

但是，大家都有注意手機系統的安全更新嗎？

以下提到筆者在 2019 年 9 月當時的一段個人經歷。

過去我的認知是，多年前平臺業者已經發展自動更新機制，以個人電腦而言，像是微軟 Windows 7 升級 Windows 10 後，一段時間就會看到強制的自動更新，手機之前我用過華碩的產品，過去其實是會看到系統通知提醒，等等，突然覺得自己的華碩手機，好像很久沒出現提示了。

記得 2019 年初還看幾次 Google 的新聞，像是什麼修補了幾項高風險與重大漏洞等（最初撰寫本文時是 2019 年 9 月），例如下面這樣的新聞：

> Google 發佈安全公告，修補了包括 2 項遠端程式碼執行（remote code execution, RCE）等在內 11 項高風險與重大漏洞。
>
> Google 4 月 1 日發佈的安全修補程式中。
>
> 大部份漏洞影響包括 Android 7.0（7.1.1、7.1.2）、8.0/ 8.1 及 9 等版本。所幸 Google 表示尚未接獲有成功利用上述漏洞的受害通報。
>
> 主要 Android 廠商已在至少一個月前就獲得通報，包括 Google Pixel 和 Nexus 裝置、Samsung、Sony、LG、HTC、Nokia 等品牌手機用戶，理應近日會接到更新通知，Google 也會在 48 小時內，將修補程式釋出給 Android 開源碼專案（Android Open Source Project, AOSP）資料庫。（資料來源：iThome，https://www.ithome.com.tw/news/129742）

好吧，來檢查一下自己的手機。

先簡單說明一下當時的情境，我使用的是 2017 年 11 月購買的 Asus ZenFone 4 Max ZC554KL，首先進入設定，拉到最下看到一個軟體更新的項目，點進去看，系統顯示更新到最新，不過點進這個介面上寫的是 Zen UI，於是再點到最下方的裝置資訊，看到自己 Android 版本是 7.1.1，韌體為 NMF26FWW Phone 14.2016 1803.233-20180314，然而，找不到可以升級韌體的選項，於是到官方網站上去查。

一查還真不得了，竟然 2018 年 5 月後的新版韌體，我就沒有更新到，這是怎麼回事？先壓下心裡的疑問，於是先爬文，再前往官方網站下載最新的 NMF26FWW Phone 15.2016 1902.507，想說自己先手動解決吧。待下載完後，將韌體放入手機根目錄，系統顯示發現新版韌體，就會開始執行，但是，執行後未能成功升級，而是出現了錯誤的通知畫面。

看來，自己只好尋求客服協助好了。對於一般民眾而言，知道更新的重要性，但那麼不親民的更新機制，自己還能夠去找下載並將檔案放入手機更新，卻還是失敗，那麼一般民眾面對這樣的情形不就更麻煩。

還不錯的是，現在很多網站線上客服都有建立，並加入簡單的對話機器人應用，能選擇服務選項。

在我聯繫到線上客服專員時，我解釋了狀況，並也問了我的問題，為何這一年的自動更新都沒有收到通知？這時，客服人員回答：

「有時候系統會出現故障，系統會接收不到更新的通知，需要進行手動更新。」

看到這樣的回覆，我不禁出現黑人問號？？？

原來，我以為很成熟普遍的手機 FOTA，其實並非如想像那般順利運作。

> 關於 FOTA（Firmware Over-The-Air），是手機製造商無線更新行動裝置之韌體的方法。（資料來源：Nokia，https://www.nokia.com/phones/zh_tw/support/topics/popular-topics/what-is-fota）

後續，我還詢問了客服人員，為何更新失敗，他說，跳板過多會不成功，也就是原廠在這段期間發布了許多的版本更新，但要一個一個安裝，不能直接安裝最新的意思，但，這對用戶來說太不方便吧！？

於是，我又花了超多時間，下載了一堆沒收到通知的韌體版本，然後，打算從 NMF26FWW Phone 14.2016 1803.233 之後的 NMF26FWW Phone 14.2016 1805.235 開始裝。但是，發現一樣不行阿！看來只能請原廠協助更新，我也真的懶得弄了，想想手機也快兩年了，接下來已經打算換手機了。

其實，因為之前使用華碩手機經驗中，記得一段時間都有收到通知，而這支華碩手機在一開始也有通知，感覺 FOTA 發展應該已經不太會有問題，看起來自己仍輕忽了。當時的感受是，會不會有很

多人同樣也都沒注意到，自己手機已有許久沒有收到韌體更新的通知。

而手機系統沒有更新的結果，也就是說，Google 發布那些新的安全更新，其實我都沒有修補到！？

不知道各家手機製造商的狀況是如何？但這已經打破我對 FOTA 已然成熟的印象，而這樣的風險，相信一般民眾可能也都沒注意到。

而當時我也在網路上爬文，其實發現也相當多華碩用戶的案例，而客服也確實回答系統會出現故障，收不到更新通知，並非個案，所以有多少人的手機曝險而不自知？

由於手機幾乎是每個人都有，大家是否有注意系統升級呢？

以上，就是個人當年所經歷的狀況，其他各家手機製造商的用戶，不知道是否也會發生同樣地狀況，但隨著時間發展，理論上，各業者其實應該會去持續去改進。（話說，現在就連自駕車也再談如何做好 OTA 的問題。）

當然，以 Apple 的 iPhone 手機，以及 Google 的 Pixel 手機而言，更新問題的機率可能又會相對較小，畢竟手機作業系統是自家開發的。

聊了這麼多，其實這裡的主題要談的是，使用者應該重視系統安全更新，另外也會聊一些手機安全使用的議題。

5-1 重視系統安全更新

為何要重視系統安全性更新？

簡單來說，任何一個軟體都不可能是完美卻沒有錯誤的，尤其系統背後不知有多少程式碼與元件在執行，因此，你常常會看到的是，有駭客發現新漏洞來利用時，業者就會針對這些已知的漏洞去修補，或是資安人員發現漏洞通報後，業者也會進行修補，甚至業者內部自己發現有漏洞先行修補。

> **蘋果緊急修補遭 NSO 成功利用的安全漏洞！**（2021-09-14）
>
> 這是由加拿大公民實驗室（Citizen Lab）通報蘋果，蘋果在 2021 年 9 月經通報後，才修補這個 Forcedentry 漏洞（CVE-2021-30860）。然後，蘋果發布了安全性更新，Citizen Lab 也於同日對外揭露這項漏洞，說明駭客先發現這個漏洞，植入 Pegasus 間諜程式。（資料來源：iThome，https://www.ithome.com.tw/news/146698）
>
> **Android 藏重大漏洞，用戶只要點擊 PNG 圖片就可能遭受遠端攻擊！**（2019-02-11）
>
> 這是 Google 自家研究人員 Leon Scroggins 發現，於是 Google 在 2019 年 2 月修補相關 3 個漏洞（CVE-2019-1986、CVE-2019-1987 及 CVE-2019-1988），這個漏洞藏匿在 Framework 中，將允許遠端駭客透過特製的 PNG 檔案，在特權流程中執行任意程式，所幸尚未發現攻擊利用行動。（資料來源：iThome，https://www.ithome.com.tw/news/128669）

因此，系統安全性的更新相當必要，才能確保不會讓不肖份子，可以利用這些漏洞來入侵。而這樣的狀況是會不斷的循環發生，系統業者除了定期更新，也會有緊急更新。

基本上，系統更新分成兩種，一種是功能更新，一種是安全更新，顧名思義，前者可以增加功能，後者可以增加安全。

但是，為何有許多人是不喜歡更新呢？我想，這跟用戶經驗有關，畢竟，系統更新這件事，多年來一直都有這樣的需求，但是，手機用戶會擔心系統升級後變慢，電腦用戶會擔心系統升級後出現很多軟體不相容的狀況，而且，不論是手機或電腦用戶也都會擔心更新後發生出現其他的 Bug 而影響使用。

當然，在一些不好的經驗之下，可想而知，一般人的想法可能就是目前的系統足夠用，因此不升級覺得應該是沒差。

但是，我覺得這樣的想法必須是要扭轉，在網路威脅嚴重的今日環境之下，安全性更新的考量是相當重要，至於怕升級又有新的 Bug，至少可以看一下災情的嚴重性再來升級。

這章主題主要講手機，這裡繼續聚焦手機的 iOS 與 Android 系統平臺。從過去經驗中，大家可能還是會聽到，有 iPhone 用戶是「不更新」iOS 系統的，但我也認為 Android「不更新」的人更多，甚至還有不少「無法更新」的狀況，像是我上面發生的事件就是狀況之一。

基本上，蘋果更新 iPhone 手機，與 Google 更新 Pixel 手機，看起來沒太大問題，因為手機都是採用自家開發的系統，不過，大家可以

多瞭解一下 Android 系統的生態系，基本上，Google 會將安全性更新的檔案，提供給包括 Samsung、Sony、LG、華碩等手機製造商，再由這些廠商發布系統更新，而發布時間每家手機製造商不一，就看他們對此的重視程度，有些業者就很積極。

不過，近年其實你也可以看到還有些改變，例如，像是有些手機品牌業者開始推出 Android One 智慧型手機，也就是手機執行的是 Android 原生系統，雖然少了手機製造商的客製化，不過系統的安全性和系統更新由 Google 負責，還有像是 Goolge 到 Android 10 之後，開始將安全性更新與系統更新分開，大家可以持續關注其發展。

無論如何，漏洞發現後不修補或想辦法緩解，問題就是會依然存在。從一開始提及的手機系統更新這件事，主要提醒大家的結論是：**使用者其實應該要注意自己的手機系統更新情況。**

5-2 注意手機提供的安全更新年限

話說，從安全性更新這件事來看，你還可以想到什麼樣的風險要注意呢？

這裡我再舉出幾個值得注意的面向，可能是大家容易忽略，但只要一提到，大家應該都能想像與理解。舉例來說：為何大家不建議使用太舊的手機？

原因很簡單，因為你要知道，如同前面所提，每個手機廠商對於自家手機提供安全性更新的服務，是有年限的。

換句話說，超過這個年限，你雖然能夠繼續使用這款手機，但手機品牌商已經不會繼續為該款手機提供安全性更新，因此，這時候建議你應該就該放生這款手機了，而不是等到手機用到壞才換新手機，要不就是僅當成單機使用，完全不連網。

另外要注意的是，其實每家手機業者提供的年限不同。舉例來說，蘋果的 iPhone 從早年提供 3 年更新，到現在新機種會提供長達 5 到 6 年的系統升級和更新；Android 手機品牌多，各家提供年限不同，過去 Google 曾強制要求業者，為 Android 手機提供至少兩年的安全更新，後來各業者也持續增加保障年限，到了 2021 年，像是三星新推高階產品、Google 新推手機，都宣布將獲得 5 年安全性更新保證，這些趨勢變化你也可以關注。

無論如何，各手機品牌的安全性更新年限，都是使用者自身要去持續查詢與瞭解的。

 不只手機作業系統，各式系統與應用程式都要注意安全性更新

這裡主要談的是手機作業系統安全性更新，不過大家應該也都意識到，電腦、應用程式也有安全更新要注意。

畢竟，不論是電腦或手機使用，都同樣會碰到電腦病毒與駭客問題，因此，做好安全更新，以及下載檔案或點擊連結前，都應該要注意相關風險。

不過，你可能沒想到，還有其他網路設備同樣也需要更新。舉例來說，無線網路設備也有安全弱點，好的廠商也會持續發布新版韌體讓使用者去更新。

- 手機作業系統要安全更新（iOS、iPadOS、Android 等）

- 電腦作業系統要安全更新（Window、Mac OS、Linux 等）

- 各式聯網設備（包括無線路由器、IP CAM、數據機、NAS 網路儲存設備等也都有 OS）同樣要安全更新

- 有些非連網設備也有安全更新需求（像是若要修補藍芽方面的漏洞）

- 瀏覽器要安全更新（Chrome、Edge、Firefox、Safari、Vivaldi、Brave）

- 各款應用程式也要安全更新（包含電腦上安裝的應用程式、手機 App 等，這邊就太多講不完了，之前像是 2019 年 WinRAR 被資安研究人員發現重大漏洞，但這類應用程式多數沒有自動更新功能，可能也不會通知有新版，使用者通常要注意到新聞，趕緊更新）

- 防毒軟體病毒定義檔也要更新

閒聊漏洞揭露這件事

談到軟體一定有漏洞要修補，對於漏洞揭露（Vulnerability Disclosure）這件事，雖然是企業與開發者才會關注的，但一般人或許也可以有大概的認知。畢竟，大家有時可能會看到有漏洞揭露的新聞。

基本上，企業網站或服務、廠商系統與產品，對於有漏洞存在的問題，最前面的防線，就是要企業自己有產品安全的團隊，或是負責攻擊自己產品的紅隊，來找出漏洞，更好是從開發就考量安全，開發環境也做到安全，像是做好安全軟體開發生命週期（SSDLC），做好 DevSecOps，有興趣的人可以深入瞭解。

而現實環境是，還有很多公司還沒做到這一步，而且，小企業會有資安預算投入的難題，即便大型企業也還是會有自己的盲點，沒有發現這些未知的弱點，因此你可能很多外部資安研究人員，表示自己找到漏洞並通報廠商處理修補，又或是直到駭客先一步找出了未知漏洞，利用這些零時差漏洞（zero-day vulnerability）找出攻擊方式後，造成資安事件，才讓該漏洞被發現。

而且漏洞也有一層一層的問題，像是某個產品元件漏洞修補，某個開源軟體的修補，導致產品廠商在得到修補後，也要修補，然後才是一般使用者要注意修補。

因此，不論如何，未知漏洞一直存在，但也就是要修補，否則將持續會有被利用的空間。當然，自己沒發現的未知漏洞當然就無從修補，因此就需要依賴通報，而為了促進整個資安環境的健全，現在科技大廠都發布了 Bug Bounty 漏洞獎勵計畫，利用全球資安研究人員之力，協助更早找出未知漏洞，並且不讓發現的漏洞流向黑市。

而後續的漏洞揭露，也是為了讓業界會知道有這種方式可以被突破，需要注意，並呼籲大家修補。因此，你會常看到這類漏洞揭露的資安新聞。

基本上，漏洞揭露是有一些淺規則，好的研究人員是會將漏洞通報廠商，給予 90 天或更長的時間，廠商修補後才會發布漏洞研究成果與細節，由於當時廠商已經修補，因此可以呼籲用戶及早修補。

不過，對於漏洞揭露的新聞消息，你也會看到一些情況。像是，研究人員會遇到廠商沒有漏洞通報管道，無從聯繫也就無從修補，或是廠商不認為漏洞的影響，或是修補已經發布，但用戶不知道或沒修補的情況（當然個人修補與企業修補有些情境上的差異，這裡先不論）。或是情況嚴重，像是該漏洞已有攻擊出現，因此先揭露漏洞，讓大家可以防備的緩解，而廠商晚點才會發布修補，也有通報後廠商不修補，研究人員特意公布逼使廠商修補。這裡的範圍其實很大，資安專家可以談很多，因此我就簡單聊一下，希望讓一般人都有一點概念。

此外，前面提到了零時差漏洞，這又是什麼？舉例來說，有未知漏洞被駭客先發現，進而利用來攻擊，有了攻擊後廠商及開發人員才知道這項缺失，由於尚未有更新釋出來修補這項漏洞，這就是零時差漏洞。

5-3 電腦太久沒開機，也要小心都沒安全更新的風險

此外，為何電腦太久沒開機有安全風險？

原因也是很簡單，你可能有一臺舊的電腦，有**好幾個月都沒有開機使用**，由於電腦長期沒有進行安全性更新，一旦有新的漏洞，等於**都沒有被修補到，自然就有風險就變大了**，因此，最好還是記得偶爾開機讓電腦執行更新一下。

5-4 注意丟棄回收可能引發的資料外洩問題

當然，還沒聊手機 App 使用風險，光是手機基本使用的風險，其實就有不少可以討論的話題。舉例來說，最基本的要**設定手機解鎖密**

碼，大家現在應該都不陌生，才不會讓他人拿到手機的人很直接就看光你的資訊，而且，更重要的事，避免因為遺失手機時，可能將遺失大量個人資料！

就像前面所提，現在雲端服務與手機其實都包含了太多個人重要資訊。

再者，購買手機除了考量廠商的安全性更新年限，另外你也可以去查詢「**白牌手機資安隱憂**」，了解到便宜的可能最貴，畢竟大廠都要努力強化安全了，那些白牌強化資安的動力更弱，成本就是其關鍵，還有事件是「**品牌手機會偷偷回傳資料給手機製造商**」，這些不同面向，其實也是手機用戶自己該注意與認識的風險議題。

另外，還一個用戶日常容易忽略的手機使用問題，就是對於**舊手機的處理**，不論是要賣掉、維修或丟掉之前，除了先要做好資料備份工作，另外就是基本要將手機恢復到「原廠」設定，讓手機回到最原始的狀態，減少資料外流風險。

另外，還有一些安全觀念你也可以要有所認識。例如，在電腦上，也可以透過系統還原，讓電腦還原初始狀態，但這裡還要提醒，一般在電腦上刪除檔案，以 Windows 電腦上操作為例，當你刪除一個檔案，檔案並不會真的就刪除，你會發現檔案其實被刪除到電腦上的資源回收桶，而當你清空資源回收桶時（或是一開始直接對檔案按下 Shift+Delete），在系統表面上是刪除了，但其實檔案仍然沒有被徹底刪除，只要使用資料救援軟體還是可以有機會救回，這方面，你有興趣可以多瞭解磁碟運作，以及作業系統儲存檔案的原

理。因此，你會看到有專門的檔案銷毀軟體程式，他會用像是 7 次資料覆寫的方式，讓檔案可以更徹底抹除。

當然，大家可能更容易疏於防範的問題是，當手機、電腦壞掉不能開機，就誤以為丟棄回收沒有疑慮。然而，這可能只是某個元件壞掉，像是電池壞掉，換顆電池就能繼續使用，因此，你應該可以想到，不應該輕易隨意丟棄舊手機舊電腦，因為會擔心那些回收業者沒有妥善處理，反而讓有心人士可以大肆從這樣的管道收購廢棄設備，進而有機會能夠竊取資料。

因此，直接物理破壞手機、平板或電腦的儲存硬體，就是更直接的做法。

事實上，其實是有專門硬碟銷毀服務的公司，提供硬碟消磁、硬碟破壞、銷毀清運及全程監控的服務內容（針對重要文件銷毀也有這樣的服務），不過這是面向企業的收費服務。

那麼，對於一般民眾而言，又該如何是好，基本上，一般桌上型電腦與筆記型電腦，還算是比較容易取出傳統硬碟或 SSD 去處理，而手機用物理方式破壞儲存元件好像比較少經驗，而且，自己破壞也要有工具使用啊。

近來一則新聞資訊，或許可以讓你有個新的方向，那就是 2020 年 9 月，環保署推動「資訊物品安心回收」管道，將在回收管道提供物理性破壞機臺，讓民眾回收資訊產品前可以保障資安。顯然，政府也在注意這樣的問題，並開始嘗試提供便民與兼顧資安的回收管道與方法。

這樣的活動目前每年也持續舉辦，例如，在 2022 年，行政院環保署在 10 月推出「手機回收月」活動，並舉辦抽獎活動，同時為確保資訊安全，除了建議民眾記得取出 SIM 卡、執行回復原廠設定，或是更進一步前往提供物理性破壞「資訊保全設備」的回收點回收，包括 NOVA 與華碩皇家俱樂部有幾間分店配合，可以請現場人員針對手機儲存位置（如 eMMC 等區域）以物理破壞。

在這裡也要提醒，現場執行上工作人員可能提出可以破壞手機傳輸充電孔，但這種方式的效果低，因為你可以想像，有心人士其實還是可以把手機中的儲存媒介取下讀取。因此，除了取出 SIM 卡、記憶卡之後，能針對手機內建的儲存位置破壞，是更理想。

5-5 用智慧型手機追蹤你的另一半！？

再來聊聊另一個關於手機的特別議題，相信大家是會更感興趣。

自從 2010 年代智慧型手機開始興盛，手機遺失的問題，也成為早期用戶時常面對的問題，畢竟智慧手機價格比傳統手機貴上許多，掉了比較心痛。

記得，當時看到有很多業者，對應這樣的需求提供，設計了手機遺失追蹤的功能。例如，許多防毒大廠對應新的手機端點提供防護，不只是提供防毒功能，還會提供附加功能，就是遺失手機時的追蹤尋找，此外，手機製造商同樣因應消費者需求，打造出這樣的功能。

筆者在 2011 年時，曾以此為題，在網路上發表一篇文章：「用智慧型手機來監控你的另一半」，目的是告訴大家有這樣的功能，可以幫助手機遺失時的尋回，同時也探討衍生的議題，像是這樣的機制可以被濫用，成為追蹤人的方式。

現在這一篇文章的原始連結已經不在，當時記得，該文獲得非常多讚數與分享，至今也仍然能夠找到很多轉載，甚至原始網頁內容備份都超過 30 次。當時文章的開頭是：

智慧型的行動裝置

帶給我們相當大的便利性

也讓人知道你走過的痕跡

要知道另一半跑去哪了

很簡單

利用智慧型手機的防盜、定位功能即可

後續，我分成 iOS 與 Android 兩種平臺做探討，並介紹當時的可用工具，這裡我就只簡短說明一下。

對於 iOS 平臺的部分，我先介紹了過去的社會新聞報導「iPhone 4S 也可抓小三？紐約男送偷吃妻成功抓姦」，當中是紐約一男子買 iPhone 4S 送妻子，並偷偷開啟「Find my Friends」App，當妻子外出謊稱到另一朋友家時，但定位卻明確顯示並非如此。

不只是 Find my Friends，其實蘋果很早已經提供的「尋找我的 iPhone」（Find My iPhone）功能，也同樣可以被利用，除了自己可以在掉手機的時候協助尋找，自己只要知道另一半的 Apple ID，從電腦上登入同樣也可以利用來追蹤位置。

而在 Android 平臺的部分，當時我也舉出可利用的工具，以及功能特色等，包括手機廠商提供的方案，像是當年 HTC SENCE 本身就有提供手機定位，還有 6 款行動安全防護 App，也都有找尋自己手機的功能。因此，你只要借對方手機一下，或是晚上靜悄悄的用對方手機下載行動安全防護 App。

不過，我在文章的結尾，其實是以手機的普及與功能的進步，並用提醒的方式，來讓大家了解這樣的議題。而在文章的最末：

不過，會偷偷來的人，通常都會手機關機，說沒電、沒訊號、關定位，甚至是換成傳統手機。

迷之聲：感覺這是一篇吵架文，很快就有人發現，另一半說去士林辦事，其實在土城某某路上，但其實，他只是要去偷偷買個生日禮物，不想讓你知道而已。

最後強烈提醒，這些工具的本來用意是為了怕手機遺失而有的防盜裝置，失竊時可以憑著定位找到裝置。

當然，標題吸引人一些，容易引起大家重視這樣的問題。

最根本要大家關注的是，自己的行動裝置應該保管好，隨意借他人，讓他看到你的 MAIL、社群資料等，或者是幫你安裝一些有的沒的，都是風險。

另一個問題則是密碼不應該隨意洩漏，就算是男女朋友、親人，也應該重視自己的密碼設定與保護，當然，這又牽扯到信任問題、隱私問題，如果對方跟妳要，妳不給，是否也是也會造成其他衍生的問題。

智慧型手機無疑帶給現在資訊生活極大的方便，但是，更多隨之而來的問題也應注意，我相信這只是冰山的一角而已。

現在來看，這篇我在 2012 年 1 月發表的文章，當時就提到這種一體兩面的問題，往好的面向來看，這就是一種手機協尋功能，事實上許多民眾都有這樣的需求，但往壞的面向來看，相應而來的隱私議題，或是被濫用的問題，也要有所認識。

甚至在人口失蹤嚴重情況，警方能透過電信業者從門號找到該手機 GPS 訊號，找出失蹤人口大概範圍。這樣的狀況使用這樣的技術，相信大家都很同意，但是，如果被濫用，但你能夠隨時監控他人嗎？政府又能隨時監控你嗎？這在電影全民公敵中，大家或許已有接觸這樣的議題。你都可以多想想，因為凡事都有一體兩面。

而在 2019 年，曾有紐約時報記者取得 App 業者出售手機 GPS 匿名記錄，儘管是匿名的資訊，但報導中主要揭露的風險是，在多方資料結合下，能拼奏出用戶真實身分。不僅如此，報導中也實際舉例，藉由美國總統隨扈手機，因為隨扈的手機中可能安裝了可共享使用者位置的 App，進而以此間接掌握川普的活動足跡。這又是延伸議題，探討現有 GPS 匿名記錄，出售後仍引發風險的狀況。

06

【特別篇】從美國白宮資安宣導，
不只國家與企業要強化，
個人也要懂自保

現代每個人對資安觀念都要有所認知？那麼有哪些觀念特別重要？

儘管，與民眾有關的資安議題範圍並不小，在本書規畫的前面幾個章節中，談了幾個大議題就可以衍生非常多的小議題，不過當中有幾個觀念值得一再強調，包括：「認識雙因素驗證」、「輕忽密碼設定的問題」、「重視系統與應用程式更新」，以及「當心網路釣魚」。而且，上述這 4 項，很可能是現在一般民眾最優先該重視的。

為何說需要優先重視？因為筆者在 2022 年 3 月，報導了美國總統拜登發布強化國家網路安全的聲明，當中除了呼籲民間企業與關鍵基礎設施業者需立即強化資安防護，同時也提到提及 CISA 建立的「Shields Up」資安指引專區。在此網站中，不只提供所有企業組織適用的通用指引、給企業高階主管與執行長（CEO）的建議，遭遇勒索軟體的應變，同時還涵蓋了個人與家庭自保資安觀念。

雖然這裡給予個人與家庭的建議並不多，僅有少少 4 點。當時其實我有兩個感想：第一、沒想到在給企業提升資安的建議中，個人與家庭安全也納入範疇，顯然個人資安觀念的建立，已經比過去看得更重要，現在政府也更為重視；第二，為何那麼多的資安觀念，為何這裡只挑這四個，但轉念想想，要讓所有民眾都有資安認知與警覺，給予一些最基本的原則，至少也是先讓所有人的資安水準都提升到最基本的程度，從簡單的四件事做起，或許也更為好記。

以下是我將原文的中文翻譯（資料來源：CISA「Shields Up」）

（1）在你的網路服務帳戶上，啟用多因素身分驗證

要這麼做的原因是因為，只靠密碼保護並不足夠，利用第二層身分識別機制，例如 SMS 簡訊或電子郵件，或是利用驗證 App，或是基於 FIDO 的身分驗證技術，這可以讓你的銀行、電子郵件服務商，或是你正在使用的其他網站服務，都能確保你的線上身分，就是你本人在使用。基本上，啟用多因素身分驗證（MFA）後，可使帳號被盜用的可能性大幅降低，因此，記得將你使用的電子郵件、社交媒體、線上購物、金融服務帳戶，甚至遊戲等各式線上服務，都應啟用多因素身分驗證。

（2）更新你的軟體，開啟自動更新

要這麼做的原因是因為，網路惡意分子會利用系統中的漏洞來入侵。基本上，手機、平板與電腦都需要更新作業系統，所有使用的應用程式與 App 也要更新──尤其是網路瀏覽器。最好是讓所有裝置、應用程式與作業系統，都啟用自動更新。

（3）點擊之前請深思

要這麼做的原因是因為，有超過 9 成的成功網路攻擊，都是始於網路釣魚郵件。這是網路攻擊者的社交工程伎倆，使郵件夾帶的連結與網頁看來合法或逼真，目的是騙取密碼、個資、信用卡等敏感資訊，使你洩漏給對方，因此，如果是你不熟悉的網址，請相信你的直覺，並在點擊前都應該要三思而後行。此外，也要注意攻擊者會設法讓你的裝置被植入惡意軟體。

（4）使用強密碼

最好使用密碼管理器來產生與儲存密碼。我們必須做好自我保護，同時也要保護我們所依賴的系統。

從上述 4 件事來看，第一點就是多因素身分驗證，這也正如本書開頭，一開始就帶大家認識多因素身分驗證。當然大家也要注意前面有提過，在多因素驗證之下，要注意更強的身分驗證機制。

接下來，就是做好安全性更新，因為許多廠商都在修補漏洞，使用者也要更新才能獲得修補。若是廠商知道漏洞卻不修補，以及你輕忽了沒注意要更新修補，等於問題一直存在沒獲得解決。而且，像是現在主流的瀏覽器已經有自動更新機制，或是你進到瀏覽器設定找到「說明」，也會立即檢查是否有更新。

再者，點擊前請三思，這些年來你應該注意到，不論駭客或網路詐騙，有鎖定或廣發式的社交工程手法，並從各式通訊散布管道，包括郵件、簡訊或是社交通訊平臺，攻擊者目的不外乎兩個，引誘你點擊連結、點擊檔案，當這種威脅持續變多時，你應該要想想，你有相關意識去辨別是否可疑嗎？我真的有必要去點擊嗎？

最後回歸到密碼設定的問題，現在各式網路服務都仰賴密碼，早年用戶使用的服務少，現在使用的服務多，你應該這麼想！

如果是你，你可以猜到別人的密碼嗎？若是你拿到別人的一組帳號密碼，你是否會覺得他也在別的服務上，使用同一組帳密，那你不就可以嘗試登入？從思考別人的密碼設定，你應該就想到自己的帳密設定，是否出了問題，只是為了自己容易記憶，卻沒想過隨著威脅變化，自己是否應該設想更好的方式，去保管自己的各種密碼。

07

....

從手機 App 看安全與隱私問題

前面提到了手機作業系統及 App 安全更新議題，接下來繼續聊一些手機 App 的使用安全與風險，先從手機 App 安全的風險問題繼續談起。

除了幾家手機業者針對作業系統會有安全更新釋出，那麼，成千上百款的 App 的安全更新呢？

7-1 你下載的手機 APP 是否都安全？

基本上，你應該都要知道，應從正常渠道下載手機 App，蘋果自然就是 iOS 的 Apple Store，Android 就是透過 Google Play，而不要從第三方管道下載。

畢竟，你可以注意到很多資安業者報告與新聞報導指出，惡意軟體往往會假冒成合法的 App 讓用戶下載，而第三方市集與論壇的安全管控力度相對較小，容易成為這些惡意軟體散步的管道。這如同電腦軟體從非官方網站下載的風險相同，過去早已強調許多年。

或許新一代年輕人現在才開始同時接觸手機、電腦，這樣的風險概念還沒建立，那現在也就要有所認識，首先，從官方管道，至少平臺業者會幫你過濾掉大部分的威脅，但你也要知道，正規的 App 市集中，還是有可能出現假防毒 App、山寨版 App 或是各式有惡意的 App，直到一陣子才被外界資安研究人員發現有問題，通報 Google 與蘋果後才移除的狀況。

另外，你還要知道的是，其實正規的市集，其實也有可能出現除了這些存有歹念的 App，還有原本合法的 App 被滲透，更是令人防不

勝防，像是 2019 年知名的文件掃描程式 CamScanner，下載次數也破億了，但被發現其廣告函式庫藏有惡意程式。

事實上，過去這款程式的版本都還算正常，但在一次更新後，因為 CamScanner 開始合作不良廣告主，原本合法程式一夕之間成為惡意軟體。當然，該 App 後續也還有很多資安疑慮，像是 2020 年印度政府都宣布該國禁用該款 App。

儘管你不會時時刻刻注意這樣的消息，但至少有這樣的認知，在下載 App 前可以搜尋一下最近一年的相關消息，以及稍微看一下隱私相關的宣告與同意事項，至少這也就是一種風險意識。此外，甚至還有像是有資安業者發布警示，有多款 App 偽裝成正常無害的音樂播放、QR code 掃描或 VPN 等 App，但會攔截用戶手機上的登入資訊與雙因素驗證，這會導致民眾銀行帳戶被入侵。因此，你是否想過，儘量不要安裝那些較陌生的 App，減少受害的機會。

記得看到一句不錯的詞是 Trust in the Untrusted World，一般使用者對於現在的風險認知，網路上不容易說的清楚，因為變化很快，過去提倡的觀念，可能民眾好不容易學到了，但是新的觀念已經出來了，舊的觀念就不那麼適用了。

因此，或許幾個原則性觀念至少要知道

一、軟體（包含韌體）是人寫的，一定會有漏洞與疏失。所以修補很重要。（上一章節已有很多具體介紹）

二、風險一定都有，只是大小而已。

三、新技術與交錯運用也會有新的威脅出現。

7-2 相信很多人下載 App，根本沒看清楚說明就繼續使用了

前面提到，大家生活隨身的手機使用已經習以為常，下載 App 是很普遍的行為，除了注意 App 可能存在惡意，還有哪些狀況可能忽略？

舉例來說，大家在下載 App 時，是否看過安裝前的應用程式權限宣告，或是隱私宣告，還是習慣性沒看清楚說明就繼續使用了。

多看看新聞總是好，舉例來說，之前就有資安業者揭露，有主打手電筒功能的 App，卻要求提供手機通訊錄，或是記帳類型的 App，要求取得使用者的所在位置等狀況，但，這樣功能的 App，為何需要蒐集這些資訊。

這些隱私相關的宣告與同意事項，很多人可能沒有注意，因此，對於用戶而言，下載 App 使用時，多查查評價，但也不能視為絕對，也要多在網路上查查該 App 在資安方面的各式資訊。

舉例來說，像是前幾年 Clubhouse 的安全議題，也值得大家去關注，當中有很多不同面向議題。簡單舉例，像是 2021 年初爆紅的語音社群 Clubhouse，會要求用戶上傳通訊錄等。

還有，2019 年 9 月爆紅的一款 Zao App，這款有趣的變臉 App，引發了相當多的關注。這是中國早年盛行交友 App「陌陌」，其公司新開發的 App。大致上，Zao 用戶在拍照或上傳照面後，還會經過一道肖像權驗證，張嘴、向右轉頭、抬頭，也就是加入所謂動作驗證的程序，來確定本人。當然，你也可以想到這或許應該也能蒐集到更多特徵。

從 Zao 的使用效果來看，看到朋友貼出的影片，可將電影主角換成自己臉的效果，效果相當不錯，完成度高，這也顯示 AI 人臉技術的進步。

往好處看，這對於電影產業而言，應該非常能夠簡化一些作業，例如，當有電影明星被封殺，是不是就能快速換套另一個人臉，省去很多麻煩 XD，即便要裝扮角色應該也變得容易，畫個大頭照就能改變臨演的面容。但往壞處看，這種應用在人臉的 Deepfake 深度偽造技術應用，也引發不同問題。

在本書主題之下，當然就不談 AI 人臉技術的發展，這裡要大家注意的是，當時 Zao 也引來的隱私爭議。因為有民眾發現，下載使用的用戶協議，只要繼續使用則被視同接受，並且竟然聲稱他們公司能擁有 App 上所有產生圖片的擁有權，用於行銷等。

當時自己也想到，如果一般人也能將別人發布的影片套用成自己，到底誰是原創？

另外這裡的隱私問題，新聞報導有提到：

> 隱私組織擔心，這些個人照片的授權，可能被用來複製人們臉上的特徵，以執行基於人臉辨識的支付服務。
>
> 在強烈的批評下，陌陌緊急在 8 月 31 日變更其政策，刪除永久及免費使用的條款，還承諾當使用者刪除上傳至該程式的照片時，也會於伺服器上將它們移除。由於爭議不斷，中國最受歡迎的即時傳訊軟體微信，也禁止用戶分享來自 Zao 的內容。
>
> （新聞來源：iThome，https://www.ithome.com.tw/news/132823）

7-3 人臉辨識與隱私問題值得深思

這邊談到 AI 人臉辨識與隱私的議題，在 Zao 之外，在 2019 年 7 月全球也有一款爆紅的 App，是俄羅斯公司推出的 FaceApp，當時他們推出了新的濾鏡功能，可以產生自己看起來變老或變年輕的樣子。同樣也顯示了現在 AI 人臉技術的能力，而開發商對於這些個人資料使用方式，也成為焦點。

無論如何，從這些人臉技術的能力來看，門檻已經越來越低。其實，在 2017 年 DeepFaceLab 就已有這樣的技術並帶來軒然大波，

有興趣的可以去瞭解。但相對來說，相關隱私方面的議題也不斷被提及，是大家可以去思考的一件事。

甚至，如同前面章節提過的在日常周遭的監控攝影機，要結合人臉辨識技術也越來越容易，好處是將能帶來許多分析效益，但資訊安全風險議題的探討也將繼續。

再來從 Facebook 社交平臺人臉辨識功能，看看隱私議題。對於臉書用戶來說，對於相片的人臉辨識功能，確實可以帶來了很大的方便性。當你要標註朋友時，系統已經能夠幫你自動識別出來，你只要點一下就可以，而不用多花時間點擊人臉位置，以手動輸入名稱，讓系統帶出建議，或是一時想不出對方臉書的 ID 而卡住。

同樣，事件總有一體兩面。記得在多年前，就聽聞臉書就在重視隱私的歐洲，將人臉辨識功能預設為關閉，不像其他地區是預設開啟需自行關閉，2021 年初也有臉書人臉辨識標註照片在美國被控侵犯隱私而和解的新聞。

話說，過去我也有開啟當對方標註時，需要自己審核的設定，這其實就是提供用戶自行彈性的隱私管理，而不是讓別人想標記 Tag 就標記，像是有人開玩笑，對照片中的垃圾桶位置標記你。

在 2019 年 9 月剛好又看到一則新聞，是臉書在隱私考量下，對其人臉辨識機制有很大的調整。在新的臉部辨識設定上線之後，該功能設定的預設值將會是關閉的，因此，就不會再提出標籤建議，但仍能手動標註照片中的友人。而在 2021 年美國也有一樁臉書人臉辨識標註照片被控侵犯隱私的集體訴訟結果出爐，最終臉書花 181

億元和解。從這些消息，你可以進一步想想人臉辨識與隱私的更多
關係。

整體而言，這一章節主要對應前一章談到手機使用的部分，同時先
將 Deepfake 技術、假新聞與手機 App 安全方面小聊一下，而下一
篇我將探討的主題，其實更是我原本最初設想的題目：AI 人臉濫
用，隱私問題之外，更要關注的是「有影片將不再有真相」。

08

AI 人臉濫用及
隱私問題之外，更要關注的是
「有影片將不再有真相」

過去，大家可能常說有圖有真相，就是圖片比文字更具說服力，不過隨著繪圖軟體與越來越多人 P 圖、修圖功力進步，多年來大家多少也知道有 P 圖的狀況。而影片又比圖片更具說服力，主要也是不容易造假，通常也要電影製作水準。

但是，隨著 AI 人臉技術的進步，使得換臉門檻降低，有影片會不會也將不再是有真相呢？

要知道，一直以來，其實任何科技的發展，都對人類有正面與負面的影響，帶來新的便利的同時，也帶來了新的衝擊，並不只有 AI 人臉技術。

以這次所談的 AI 人臉而言，最讓筆者印象深刻的是，記得去年看到財經媒體 Bloomberg 在 2018 年 9 月發布的一段影片。在這段影片的一開始，是在說 2018 年 4 月的另一段影片，因為有國外網路媒體 Buzzfeed 製作了 AI 假影片，目的是希望大家能多注意網路上的消息來源，更加謹慎判斷，未來將不能再一昧地相信眼中所見。

而製作的這個內容也很特別，是美國前總統歐巴馬對著鏡頭說話，其中有一句是川普總統完全就是個笨蛋！（原文是 President Trump is a total and complete dipshit.）

若仔細看這部影片的片頭，其實有提到一件事，已經提醒：「We're entering an era in which our enemies can make it look like anyone is saying anything at any point in time — even if they would never say those things。」

簡單來說，該媒體利用 Deepfake 人臉交換的技術與視覺特效軟體，將歐巴馬與美國知名演員喬登・皮爾的影像結合，產生與歐巴馬在外型、聲音都一致的影像，看起來就像是這些話出自歐巴馬之口。

根據科學人網站的一篇「新聞、謊言、假影片」文章，當中提及：

在假新聞肆虐的這個年代，這段影片是 BuzzFeed 新聞所製作的公共服務宣導，展示了應用人工智慧（artificial intelligence, AI）新技術的應用程式，它修改影音的方式就像 Photoshop 處理數位影像一樣：可讓人們篡改事實。

影片還相當粗略。仔細觀看並聆聽，會發現歐巴馬的聲音帶有鼻音，他的嘴（融合了皮爾的嘴）在幾個短暫片刻會偏離中心晃動。但是這項技術（為了好萊塢電影剪輯師和電玩廠商所設計）快速進展，已讓一些國家安全專家和媒體專家想到科技黑暗面。這些工具或許有一天能憑空創造出令人信服的假影片──並非像歐巴馬的談話那般修改自既有的影片，而是精心安排且從未發生過的情節。

（資料來源：科學人，https://sa.ylib.com/MagArticle.aspx?id=4150）

8-1 隨著 AI 造假影片技術成熟，未來要小心造假影片帶來的社會亂象

其實大家可以想一想，這種換臉可以如何被濫用？

如果是現在國際或國內政治人物的說話被竄改，然後短短的影片被放在 Youtube 或 Facebook 上流傳，或是在 LINE 群組流傳。

更關鍵的是，在**資訊爆炸下的資訊不對稱時代**（個人是很喜歡資訊不對稱的概念，以前是資訊量少，但我覺得資訊量多應該也能造成），很多人只看個標題，又有影片，或是看個幾秒內容，很容易就會信以為真，因為大家可能還停留在有影片有真相的時代，加上現在分享太即時。

事實上，影像類資訊的人為操弄早有前例，只是過去多是從單一角度來拍攝影片，或是透過擷取部分片段的方式，來誤導觀眾，但從不同角度或完整影片內容去看，就可以知道並非如此。只是，如今用 AI 快速產生逼真的造假影片，可想而知，這是否會讓這類問題變得更加氾濫。

剩下就是一如既往的各式操作出現，我是覺得，在資訊爆炸時代大家不會看那麼多，以**心理學**與**行銷學**的角度來看，只要標題、幾秒影片去洗，**這概念就如同威爾史密斯主演的《決勝焦點》，一直給你心理暗示**，當然也可以用反面手法讓你對事件主角產生厭惡。有興趣的可以看看這部電影。

而過多的亂象，未來將會讓民眾降低追尋真相的意願。因為，即便自己眼中所到的影音，也未必是真相。

接著繼續提到 Zao，前一篇提到，對於電影產業而言，能夠簡化一些作業，像是有人被封殺就能快速套另一個人臉，裝扮不同角色也能利用這樣技術快速化妝。

雖然，不至於像前面說的可以竄改內容，因為這個這個 App 只是單純換臉，但也有濫用的可能性。

顯然這種技術門檻已經降低，一個 App 就能快速產生變臉效果，是很有趣，像是 App 中可將電影的主角，輕易換成自己的臉，帶來娛樂。那還可以怎麼用？將 Youtuber 的影片很輕鬆的換成自己的臉、朋友的臉，假裝自己的創作？還是可以輕易的將 A 片換成朋友的臉來惡搞？

其實，已經有人這麼做，用以呼籲這類技術遭濫用的後果。例如，在 2017 年 12 月，美國知名網路論壇 Reddit 有網友發布了一篇文章及影片連結，就是將飾演電影《神力女超人》的女主角 Gal Gadot 的臉，套用到一部 AV 成人影片之中，且其變臉真實程度，已經到了可以讓人感到訝異的地步。

因此，這種使用 AI 的移花接木手法，在吸引廣大關注的同時，其實也讓我們可以反思，如果被用於蓄意破壞他人名聲，或是惡搞的可能性，而且，未來人們甚至也可能更難分辨其真偽。

而且，在操作手法上，也可能有反向操作的可能性，假造一個人從沒做過的好事。

甚至還可能影響到財經，像是假冒公司大老闆發布假的重大訊息，不論是利多或利空，從股票市場套利，甚至用於政治、社會等面向的干擾。

事實上，後來，濫用 AI 人臉技術的行為也實際發生。例如，臺灣在 2021 年底就有一例，是網紅小玉以「Deep Fake」的 AI 換臉技術，將 119 位知名女性民代、網紅與直播主合成 A 片女優，上網販售換臉謎片不法獲利的情形，而被警調逮捕，也終於促使國內要修法因應。

換個角度想想，大家往往只會事件發生謾罵，但自己是否曾經注意這樣的問題，普遍大眾如果都不關注，更有誰能集結更多共識去協助政府推動因應政策。

8-2 面對 Deepfake 問題，全球也在設法找出辨別假造影片的技術

事實上，科技發展是無法阻擋的，如何因應是整體社會都要面對的。禁止？我想這項技術一定還會有其他出路，如同黑市一樣。（個人也很喜愛二元論，有黑有白，有正有反，有陰有陽。）

當然，這樣令人頭痛的社會問題，是全球都在要面對的問題。許多國際上的科技大廠，其實也有在設法解決此頭痛的問題，並發出懸賞。

例如，在 2019 年，微軟和臉書共同發起名為 Deepfake Detection Challenge 大賽，就是希望集眾人之力，找出更好的偵測假造影片的方式與技術。

而且，這項計畫的主辦者，其實包括了臉書、微軟、康乃爾、牛津、馬里蘭、加州大學柏克萊分校、紐約市立大學阿巴尼分校、麻省理工學院及社區大學。顯然，這樣的難題也不是一家公司能單憑一己之力解決。

只是，後續在 2020 年 6 月比賽結果公布，雖然全球 2 千位 AI 專家參賽，但結果還有進步空間，現有 AI 模型最多僅能識別 8 成假造影片，因此，未來還將繼續努力

 ### 從網紅影片來認識 Deepfake 的影響

對於這篇我想談的內容，很高興網路上有也有看到網紅（也是議員），對於這樣的議題有很好的解說。標題是：呱吉脫殼屑 EP15：還有什麼可以相信？ Deepfake 的真相是什麼？

大家也可以直接看看這部影片。搜尋影片標題或是網址連結：https://www.facebook.com/froggychiu/videos/2338819112882625/
（資料來源：呱吉）

人們只想看到自己想看到的？

當然，現在這個社會階段，其實還有另一個現象，但這也發生在某種屏蔽式資訊不對稱，那就是——許多人其實只想看自己想看到的，因此，對於非自身所贊同的觀點，可能已經不再就事論事，即便是事實影片也會說是假新聞。

當然，我覺得這也跟現在 FB 演算法，新聞台壟斷，LINE 聊天群組，所造成的同溫層有些關係。

特別是對於現在的 Facebook 演算法、Youtube 演算法，我想大家應該頗有感受，推薦了你可能喜歡的內容，但這些內容也都是基於你的喜好來投放。

這可能也如同先前所說的心理學作用，當你常常接收單方面的資訊時，自己沒有想法、又沒有其他資訊來反思，人們想法自然容易也會隨著改變。對這種概念不清楚的人，其實可以多想想這樣的問題。

（題外話，有時很希望可以將兩則新聞內容左右擺放，就可以將同一事件、不同媒體的新聞報導，做標題與內容對比）

09

檔案被駭客加密！最最基本的
觀念「備份」，一式三份應該
都知道吧！

在十幾二十年前，大家可能都知道電腦會感染病毒或惡意程式，而到 2016 年以來，大家談到電腦病毒，可能更直覺想到的是**勒索軟體**（ransomware），這種特殊的惡意軟體的出現，更成為一般民眾生活上會常遇到或常聽到的網路威脅，筆者自己身邊就有不少對電腦、資訊陌生的朋友，遭遇這樣的問題。

例如，像是我有一個男生朋友的筆電，就遭遇檔案被加密，讓許多照片都找不回，也有一個女生朋友，不小心讓老公筆電中所保存的過去工作資料被加密，因此被念了一番，還好沒有引發家庭革命。

相信大家對於勒索軟體應該不陌生，畢竟新聞報導不斷，不論是大公司、個人都有遇害事件頻傳。簡單來說，勒索軟體的危害方式，是利用原本可以保護資料的加密技術，進一步濫用並勒索比特幣，要求付贖金才幫用戶解密的網路犯罪行為。而這個黑色產業已經相當成熟，因此不斷有新的勒索軟體出現。

如何避免勒索軟體入侵？作業系統或應用程式時常保持更新很重要，但要知道，就像前面已經提到，軟體一定會有漏洞，新技術也容易帶來新的威脅，也有，甚至也有從惡意郵件寄送的方式，使用者自己搞不清楚亂點檔案，也會受到感染。

9-1 認識最基礎的備份觀念

因此，最重要的還是備份的觀念。是的，這回主要談的就是簡單的備份概念。

如何養成備份的觀念？ 我覺得，損失過一次就知道備份的重要了。這句話也許很像風涼話，但以個人經驗而言，很早就養成備份的習慣，也是因為過去就有經驗。

記得是高中時期，網站剛興起的年代，那時候當時記得也是電腦壞掉，而舊的郵件帳號好像也忘記密碼，因而損失了一些資料，像是很多 Email 的信件（記得那時很喜歡看到有趣的內容就寄給同學們，長久下來還會灌到同學信箱爆掉，其實就是現在大家喜歡即時通訊轉傳的意思），使得一些回憶都不見，主要是自己花心血所打的內容。

後來到了自己大一，就比較知道要備份了，當然，也是電腦過去常有問題若要重灌，自然要有備份才能恢復之前的檔案。至於如何備份？對於一般不懂的個人而言，買顆 2.5 吋外接硬碟，算是最簡單又不貴的作法。

這裡簡單聊聊過去個人的備份的經驗，記得最早備份都是光碟片，備份了一堆，沒辦法以前 VCD 容量太小，後來就是買 3.5 吋外接硬碟來離線備份，因為便宜，再下來就是買 2.5 吋外接硬碟。

記得自己擁有了兩顆以上的硬碟後，我就會開始一式三份，電腦裡面一份，2TB 容量的 3.5 吋外接硬碟的一份，500GB 的 2.5 吋外接

硬碟的一份，原因是，因為我怕硬碟壞掉，主要也是過去光碟片備份就有經驗，要知道光碟片與硬碟其實也都是有壽命的，或許一般人沒關心過也就不知道，但有了這樣的資訊，你就會知道要注意。

個人是認為，其實之後硬碟也還是會多買，畢竟硬碟容量需求越來越大，而隨著技術成熟與成本下降，同樣價格可以買到更大容量，而且後來我又會選用加密外接硬碟，讓這些備份資料不會被任意存取。

當然，現階段購買外接硬碟時，一般而言，3.5 吋外接硬碟可容易購買到更大容量也更划算，但缺點是多半要接電源，2.5 吋外接硬碟在使用上是比較方便，看個人使用需求情境。另外就是，現階段要注意一下連接介面選 USB 3.1 的就對了，USB 2.0 舊規格對現在儲存容量來說太慢，應該會讓人不想備份。

此外，這時我也會再將一份備份硬碟放到舊家，主要自己擔心的是發生天災之類的情形。例如之前看 921 地震的新聞，就知道有受災戶的東西通通都沒了，自己就會聯想到有這樣的可能性，知道這樣的風險，反正硬碟不貴。後來聽到異地備份這名詞，很快就能理解，其實有風險意識，其實大家都能先想到。

至於多久備份一次，大概是想到就備份，我是兩三個月吧，更好的方式就是學習用差異備份，加快備份效率。至於手機的資料，大多數個人認為是不太重要，只有一些照片會有需要，看是接到電腦存放或是選擇雲端方式進行。

當然，在最呆的外接硬碟備份之外，還有其他備份方式是現代人可能更熟悉的，像是雲端備份，但容量與費用自己要考量，不過好處

是簡易，包括 DropBox、Google Drive、OneDrive、iCloud 與 Amazon，都算是國人較熟悉的平臺。當然，不想用雲端服務，另種常見方式，就是買臺 NAS 設備，RAID、差異備份，讓執行也可以更容易，這方面你也可以去研究國內 NAS 設備大廠群暉（Synology）、威聯通（QNAP）的產品，但也要注意如何安全使用。

其實這裡沒有談很深的東西，就是認識很簡單的「備份」，**而且是要妥善的備份。**

當然，真的對備份不熟的人，也要大概知道一些概念，像是備份就是在不同儲存裝置都保有相同的檔案，而**不是多個備份檔案都保存在同一臺電腦**當中，此外，也要注意**資料同步不等於備份**。

♟♟ 備份的資料是否全部都如此重要呢？

題外話，就是這些保存的檔案是否真的那麼重要，雖然檔案複製不太費力，硬碟容量現在也越來越大，但有些檔案是否無用可以刪除呢？

在前幾年，筆者也買過一本書《怦然心動的人生整理魔法》，也可以看看，反思一下那些東西真的需要保留下來，雖然備份資料，並不像實體物品整理那樣更重取捨，但有時整理照片時，看著檔案越來越多，還是會有些感慨，反思是不是可以精簡些。

9-2 更多你可以多想想的備份風險

對於沒有做好妥善備份的風險，其實不只是遭遇勒索軟體會遇到，就像前面所提到的，光碟片保存年限與硬碟使用年限，可能受材料品質與潮濕環境影響之類，但更多人容易忽略的是，雲端儲存服務業者，會有更多資料保障的措施，舉例來說，像是 Dropbox 服務在官方網站首頁就有文字說明：「您所有的重要檔案皆會安全保存在雲端儲存空間上，並經過多次備份處理。」當然，各家服務作法理論上應該差不多。

但是，做好妥善備份的目的就是避免意外的發生，而事實上近年也還真的有意外發生的案例。例如在 2020 年有媒體報導，一位廚師將之前在國外米其林餐廳工作與實習的照片及影片，上傳到付費的蘋果 iCloud，但是，長期存在 iCloud 內的萬張資料照片，竟然在一夕之間消失，並引發關於雲端儲存服務的爭議。

自己當時看到這樣的新聞時，想到的是，對於一部分人而言，可能都是以電腦為主，手機為輔，但對於現代的許多人而言，也有可能完全都是以手機作為主要工具，所以有些人可能不像過去都有許多電腦使用經驗。而且，可能覺得已經有使用雲端儲存備份就好，而對於上述一式三份的備份方式，較缺乏這樣的觀念。

無論如何，這個案例其實可以給大家都有個警惕，想一想，只有一個備份是否足夠？如果備份的地方也故障了壞了怎麼辦，以及備份方式是否曾注意。

另一個大家可能沒想過的問題，就是你的**免費雲端網路服務帳號突**
然停止服務，甚至是你的帳號遭到移除，會發生什麼事？像是有天
你的 Facebook 帳號突然遭移除，結果就是，自己的許多貼文都會
消失，許多回憶都隨之消失。當然，早年大家可能也有經驗，在部
落格、論壇或討論區，花很多心血打出的內容，可能在很多年後發
現已經找不到內容。

如果你當時沒有額外儲存內容，現在可能只有在 Web Archive 這類
網頁時光機的網站服務，才有機會找得到。

而現在人們使用的社交平臺，是否也可能有同樣地狀況發生呢？當
然，這些資料的重要性，是否也只是隨著時間而消逝呢，看似重要
又不重要呢？大家可以多想一想這樣的議題。

9-3 不慎遭遇勒索軟體？可以試試從 No More Ransom 找到機會解密

再來回到對於勒索軟體的威脅，面對這種網路犯罪問題，網路上其
實有一個具實用性的平臺，是民眾可以利用的工具，就是 No More
Ransom。

關於 No More Ransom，簡單來說，這是國際上的刑警組織與資安
大廠聯手，幫助大家可藉由一個集中式的入口平臺，查詢自己遭遇
的勒索軟體種類，以及是否已有解密工具，可幫助恢復被加密的檔
案。

不過，要先有的認知是，這個網站並不能幫助所有勒索軟體受害者解鎖，但有機會能復原。多半是破獲了駭客集團，因而取得解密金鑰，或是駭客的勒索軟體設計不良，被資安業者找到破解方式。

因此，做好妥善備份還是較好的自我保護方式。

話說，如果大家對於勒索軟體危害與發展很感興趣，可以搜尋「肆虐升溫，勒索軟體災情擴大的 7 項原因」，雖然這是 2016 年時的報導，不過可以讓你能有一定的瞭解。

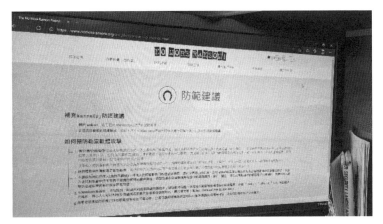

▲ 你可以在電腦上透過瀏覽器找到 No More Ransom 網站，真的不幸遭遇勒索軟體，可以來這邊找找是否有執法單位與資安業者提供的解密資訊。你也可以由此查看勒索軟體相關問題，以及勒索軟體防範之道。

另外，你可以搜尋 No More Ransom 這個國際間提供的平臺，而它的網址是：

https://www.nomoreransom.org/

（資料來源：翻拍自 No More Ransom 網站）

10

認識物聯網安全，從生活中
的監控攝影機被偷窺看起

對於物聯網安全，IoT（Internet of things）安全的議題，一般民眾可能不容易想像，其實在生活中周遭，只要是設備有連上網路，都息息相關。

要讓大家認識到這樣的風險，我想最直觀的方法，就是如果你家的監控攝影機可以被別人看到，被別人監控，被入侵的感受最直接。

話說，日常商家設置監控設機影機之外，一般家庭也會為了安全，或是居家照護，買網路攝影機回來使用。但是，這類用來保全監控環境的設備，普遍使用者幾乎都只關心自己能用就好，但多半不了解，安裝攝影機也有要注意的風險。例如，你在看你的監控畫面，殊不知別人也可能可以看到你的監控畫面，或者，你家的監視器正在網路上傳送封包攻擊別人。

10-1 使用各式聯網裝置你可曾想過也要注意安全

要讓大家意識到這樣的風險，就是實際看看他人監視器的樣子。例如，在「Insecam」這個網站上（網址是 https://www.insecam.org ），就蒐集了很多網路上不設防的攝影機，因此在網站上，你可以看到很多監視器的即時畫面，而且，這個網站能夠依據攝影機的廠牌、架設地區、城市來進行分類。於是，你只要在網站上從國家類別選擇臺灣，就能看到數百個位於臺灣的監視器畫面，不管黑夜白

天，24 小時都像楚門的世界一樣能夠觀賞。(或是由以下網址查看 https://www.insecam.org/en/bycountry/TW/?page=1)

知道有這樣的風險後，為何會發生這樣的問題？相信是大家好奇的，難道被駭了嗎？其實這些畫面要說遭駭，可能還不到那個程度，主要還是與這些監控設備系統登入的密碼未設定或僅使用預設密碼，有很大的關係。或是使用了弱密碼，在前面章節其實也已經先提到過這件事。

我想，許多民眾對於電子產品的科技知識較不熟悉，通常看了說明書也就是能用就好。但也因此，使用者自己可能沒有意識到，有風險存在，以及首次使用時就應該採取一些保護措施。

進一步探究，這也與設備廠商通常為了民眾方便使用，過去也不會強制要求民眾修改密碼或只能設定高強度密碼有關。因為上述這些原因，駭客只要猜民眾沒有改密碼，或是使用像是 123456 等太簡單的密碼，駭客很容易就能使用原廠的預設密碼，或是簡單的暴力破解，進而從遠端登入並監看畫面。因此，一般也會看到 IT 新聞或專家建議，不要使用預設密碼，使用高強度密碼，或是檢查連線紀錄，或是能夠對連線存取做限制之類。

畢竟，這些監控攝影機是有其方便性，你也可以從外面直接連回來觀看，但你也要想的是，別人是否也能連回來觀看。由於通常最普遍的問題就是，用戶端設備通常沒有修改密碼，這使得他人只要掃描曝光於網路上的攝影機，就能以原廠的預設密碼登入監看畫面。而且，也要注意設定密碼太簡單的問題，就容易被破解或猜到。

當然，現階段還有一個問題，是用戶可能從挑選產品時就要注意。因為有很多這類網路監控產品，在設備韌體寫入了工程帳密，這是高權限的帳密，從廠商角度來看是很方便但只要這樣的資訊曝光出去，對外界而言這也就等於可以看作一個後門帳密，有些好的產品業者會開始修補這樣的問題，甚至在出廠前就避免相關弱點產生。

而使用者這時就要注意，就像前面提過的，要重視系統安全更新，因此，自己要知道去更新韌體修補弱點。另外，如果設備商並不注重安全，對於安全弱點不積極處理，用戶可能就要在一開始最好選擇安全的產品，或是找出其他方式來減少風險。

無論如何，未來物聯網設備的安全是越來越受到重視，法規也在跟進，舉例來說，2020 年美國加州議會正式生效的《SB-327 資訊隱私：連網裝置》法案，而臺灣也在推動「物聯網資安標章」，影像監控系統」就是最早有規範的項目，不過目前並非強制的規範，僅用鼓勵的方式。但在這段期間，由於業者積極度不一，自己就要多加注意。

另外，除了監控攝影機，你也可以想到其他聯網設備的問題。因為家中還有各式的連網設備，不論是無線網路設備、掃地機器人，甚至更多智慧家庭產品，有沒有暴露在網路上，有沒有安全弱點沒有更新，有沒有弱密碼、預設密碼的問題。

甚至，智慧語音聲控喇叭音箱，這類產品是否可能無時無刻在接收你的聲音於無形呢？你可以多想一想，但也不用太過於害怕，瞭解這樣的產品是如何運作，以及你能做些什麼來防止侵犯隱私，是你應該要有的觀念。

10-2 認識 DDoS 攻擊，並注意不要讓你的設備成為攻擊別人的幫兇

除了自己的隱私可能被偷看光，民眾也該知道，你的聯網設備可能被他人濫用，進而攻擊別人。過去看駭客小說，大家應該都聽過「肉雞」一詞，就是被駭客劫持的電腦並形成殭屍網路，而監控攝影機這些其實也是被挾持的對象，像是近年知名的 Mirai 惡意程式，所形成的 IoT 殭屍網路，可以用來發動分散式阻斷服務（DDoS）攻擊，對一些網站服務發動攻擊。

> 簡單來說，DDoS 全名是 Distributed denial-of-service attack，也就是分散式阻斷服務攻擊。根據維基百科說明：當駭客使用網路上兩個或以上被攻陷的電腦作為「殭屍」向特定的目標發動「阻斷服務」式攻擊。其目的是讓目標電腦的網路或系統資源耗盡，使服務暫時中斷或停止，導致其正常使用者無法存取。（資料來源：維基百科）
>
> 要用具象一點方式來形容的話，就是你要到櫃臺窗口排隊買票，結果有人控制了一堆假人排在你前面，塞滿整個服務櫃臺並發出詢問，癱瘓賣票買票作業。

簡單白話一點來說，就是駭客控制了很多運算裝置，監控攝影機本身也有晶片韌體也連網，可以被控制來發送流量，而駭客控制了數十萬臺裝置，就能指揮來對一個網站服務攻擊，也就是同一時間大量裝置都對這個網站發出請求，讓網站塞車，造成網站服務中斷，導致一般使用者無法連上該網站。

對於使用者而言，監控攝影機正常運作，設備外觀又不會變，一般人也很難從外表看出設備是否被入侵利用，但其實，這等於屬於你的設備成為了駭客發動網路攻擊的幫兇。因此，這些隱私安全問題與殭屍網路與 DDoS 攻擊，也是一般民眾該認識的生活上資安風險。

 收到 Hinet 網路攻擊行為通知信！

不知道大家是否看過或收過 Hinet 對於網路攻擊行為的通知信，就跟前面所提用戶設備成為攻擊幫兇有關。這封信的內容大致上是這樣：

親愛的用戶您好：本公司接獲申訴說明您的電腦（IP：xxx.xxx.x.xxx）持續對其它用戶或單位發動網路攻擊行為，並已影響對方主機……

通知信中也說明了三種可能情形：（一）電腦中毒、（二）遭受駭客入侵成為跳板、（三）網域內有不法份子從事駭客行為。因此請用戶儘速處理，避免不要要的麻煩與危害。

另外，這封通知信中，也提供你可採取的基本安全措施，包括：（一）更新作業系統至最新版本，（二）安裝防毒軟體與防火牆，（三）開啟信件附加檔請注意是否安全，（四）不下載或安裝不明網站之程式，（五）保持病毒碼到最新版本。

雖然，看起來這只是非常老生常談的基本知識，但算是簡單的基本原則吧。

（資料來源：Hinet）

11

從電視劇看國內一銀 ATM
自動吐鈔案

如同第一篇從電影看個資外洩，從生活上看電視劇來認識資安相關的事，應該也比較容易讓人感到興趣。

當然，大家喜愛看的電視劇不同，從早期的 8 點檔、偶像劇，乃至於美劇、日劇或韓劇，不過之前意外發現到，臺灣竟然有一部電視劇，是根據國內真實發生的資安事件為背景。

11-1 從電視劇「你那邊怎樣・我這邊 OK」看國內資安事件

會注意到這部電視劇，主要看到從事影劇的國中隔壁班同學在臉書分享，這齣以 2016 年 7 月「一銀 ATM 自動吐鈔案」為背景的電視劇，名為「你那邊怎樣・我這邊 OK」（英語：All Is Well）。

這種多半只在電影情節看到的劇情，真實在現實生活中發生，而且也就出現在臺灣，無人操作的 ATM，竟被駭客入侵滲透並控制自動吐鈔。雖然，這樣的資安風險是銀行、政府與執法單位要重視的，不過這種破壞金融秩序社會秩序的行徑，也影響著國內所有民眾。

或許，還有人不太清楚一銀 ATM 事件，這邊也簡單描述一下。這起事件，發生在一個颱風來襲後的周末假日，當時在松山火車站還有發生台鐵火車爆炸案，更沒想到的是，在 2016 年 7 月 10、11 日清晨，有一群人到第一銀行臺中和臺北等 22 間分行的 41 臺 ATM

自動提款機，沒有操作 ATM，結果 ATM 就自動開始吐鈔票，大家可以想像一下這個畫面。

原來，這群人這是來自俄羅斯的十多名領錢車手，就這樣非法拿走了 8,327 萬元，而幕後就是國際駭客集團，入侵一銀系統所造成。所幸，因為國內綿密的監控設備，還有機警的休假員警，將還沒出境的歹徒，以及還在境內的贓款追回。大家有興趣可以搜尋「一銀 ATM 遭駭事件大剖析」、「瞞天過海一銀盜領案，鬥智鬥力破案實錄」。

回到主題，這部「你那邊怎樣•我這邊 OK」電視劇，就是以此為背景，是一部臺灣和新加坡合拍的電視劇，由王小棣擔任總監製兼總導演，主演包括藍正龍、曾之喬、海裕芬、黃俊雄、陳羅密歐、陳炯江，以及「與惡」中的姐姐曾沛慈，還有藍心湄、庹宗華等，而它的故事線，分兩邊進行，一邊是描述在臺北的 20 集，另一邊新加坡的 20 集。

而從影劇宣傳的賣點來看，包括：

「劇情融合金融犯罪、駭客與真實人生的對決」

「描述臥底警察失聯、跨國銀行盜領案等故事」

對於喜愛看電視劇的人，透過這樣的劇情來接觸資安，應該也是一種不錯的方式。雖然電視劇本，可能並不是真的像記錄片介紹該資安事件，但透過戲劇呈現方式，也是增進大家興趣啦。

11-2 認識 Hackdoor 密室逃脫與 HITCON

特別的是，這部電視劇在一開始的記者會，有舉辦在「**密室逃脫 - HITCON HackDoor- 辦公室篇**」的場地，一邊挑戰密室解謎活動，一邊宣傳新戲。

或許你沒注意過，但這個駭客密室逃脫可不簡單，它是由國內資安社群──台灣駭客年會（HITCON）推出的活動，透過一個擬真的辦公室空間，充滿著印表機、打卡系統、監控系統與機房等設備，讓劇組挑戰者能認識物聯網安全、網站安全、伺服器安全，算是激發大家對資安的學習興趣的遊戲。

當然，平時一般人可能只是追劇，不會注意到這樣的資訊，而現在你也可增加一些認識。例如，這個的駭客版實境密室逃脫遊戲 HITCON HackDoor，就是基於推廣資安人才培育而起，而密室逃脫的題目設計也以多樣化的駭客思維挑戰題型，讓參賽隊伍挑戰。

此外，「**台灣駭客協會 HITCON**」你也可以多認識，HITCON 從 2005 年一路發展到現在，他們是臺灣民間推廣資訊安全的重要推手，並協助國內政府、企業、民間，搭起合作的橋樑。

在 HITCON 的自我介紹中：「在純技術的領域裡面沒有黑與白，我們認為駭客代表著高超的技術、挑戰的精神，更希望能夠把真正的駭客精神帶給所有人，這也是台灣駭客年會的核心價值」

當然,看到這裡或許大家對於駭客一詞會有點混淆,簡單而言,就是有壞的駭客,有好的白帽駭客,而像是全球最大資安研究人員參與盛會之一的 Black Hat,是稱為黑帽大會,但因為普遍都只用駭客一詞稱之,但不同場景其實所指不同,因此有時你要自己搞懂。

事實上,以維基百科的詞義來看,提到駭客(Hacker)的中文音譯「駭」字,總使人對駭客有所誤解,真實的駭客主要是指技術高超的程式設計師。而隨著「駭客」一詞早已被污名化,包括影視作品、媒體報導通常描述他們進行違法行為,因此,現在用駭客或網路犯罪分子來利用電腦技術犯罪的人,已經是大家都習慣且接受的事。相對的,不是利用電腦技術犯罪的就是白帽駭客,或是資安研究人員。

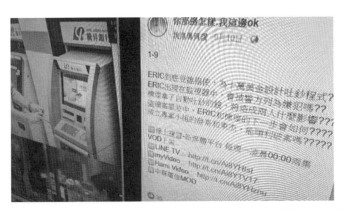

▲ 在「你那邊怎樣·我這邊 OK」的粉絲專頁上,當時的貼文還會發布下集預告,當中並附上這齣電視劇線上影音觀看的短網址連結。(資料來源:翻拍「你那邊怎樣·我這邊 OK」的臉書粉絲專頁)

12

短網址提供了方便性，但也有
不易識別真實連結的風險

在上一篇介紹電視劇時，最後提到了網站資訊分享的普遍現況，就是有不少人會運用短網址服務。

什麼是短網址？簡單說就是原本的網址很長，例如：

https://ithelp.ithome.com.tw/articles/10215093

當使用了 bit.ly 短網址的服務後，就變成：

https://bit.ly/2m8B4Lo

這兩個連結，都會連到一樣的頁面，也就是前者所顯示的網址。後者是以一個非常短小的連結，來代替原來的可能較長的 URL，顧名思義，也就是可以將原本很長的 URL 地址縮短。

再舉一個例子，像是原本網址超長：

https://www.linetv.tw/drama/10761/eps/1?utm_source=facebook&utm_medium=partner&utm_campaign=%E4%BD%A0%E9%82%A3%E9%82%8A%E6%80%8E%E6%A8%A3%E6%88%91%E9%80%99%E9%82%8AOK%E6%88%B2%E5%8A%87%E7%B2%89%E5%B0%88&utm_term=dramaID_10761&utm_content=partner_fanpage

短網址服務後變：

https://bit.ly/2mgHjgp

12-1 有想過短網址會讓你連至哪個網站嗎？

簡單來說，這個技術已經出現 10 多年，最明顯的好處，就是讓網頁顯示時，不會因網址超長而破壞美觀。這類服務很多，包括歷史最悠久 TinyURL、使用眾多的 bit.ly，以及國內的 Lihi.io，以及 PicSee、reurl.cc、Short URL 與 PTT 短網址等（還有已經結束服務的 goo.gl）

對於行銷人員來說，為何很喜歡用些短網址服務？因為不用太多技巧，就能分析網頁流量點擊數，而且發送行銷簡訊時，網址縮短，才可優化內容並節省部分成本。這也助長了短網址的使用。

但同樣的，就像先前幾篇曾提供過的，技術帶來了方便也帶來了風險。確實，這項技術帶來的方便性很顯著，但大家也該有基本的認知，就是短網址讓真實連結不容易識別，這也導致後來容易被網路犯罪者濫用。

例如，短網址隱匿了原本網址連結的網域，也就是上述第一例 ithelp. ithome.com.tw/articles/10215093（粗體的這個部分）。

因此，如果你想要知道這個短網址會帶你到那個網站，從表面就看不出來。話說，過去你過去可能大概學過，在網頁或郵件中，要避免連上釣魚網站，請把滑鼠移到連結上的顯示文字或圖片，之後就可以透過瀏覽器左下角來檢視實際的網址連結。

當被轉換成一個替代無法識別的網址連結後，使用者也就無法分辨是否是指向合法的網站，是否有機會成為有心人士可以混淆的手段，反變成網路釣魚詐騙的一種保護方式。

此外，大家有沒想過 Google 會在 2018 年 3 月底宣布，要結束短網址的服務。我覺得，不僅是因為短網址不容易讓人識別，而且，詐騙釣魚網站使用短網址比例升高的局勢有關。

另外，除了短網址不容易看出真實連結，你是不是也想到 QR code（二維條碼），是的，現在很多線上線下的行銷，也會用 QR code，讓使用者不用輸入網址，掃描後就能透過網路連結到行銷者想提供的網站，帶來了方便。

但掃描 QR code 當下其實很難識別真偽，如果是對方現場發給你的文件上要你掃描，可能還好，但如果是展示在大眾區域的看板廣告資訊，如果有惡意人士貼一個引導到釣魚網站的 QR code，並且覆蓋在原本之上，或是入侵網站並偷偷置換了原本的 QR code 圖片，是不是你掃描 QR code 的當下也無從判斷會引導你那個網站呢？

 貼上連結的縮圖預覽技術也更普遍

當然，技術也是不斷在修正強化，以及在不同平臺呈現形式的差異。

舉例來說，我們使用電腦時，在電子郵件中看到一個 Bitly 短網址的內容，滑鼠游標掃過就只會看到短網址的連結。

不過，像是臉書的動態牆分享，貼上網址後，系統將能自動帶出連結網頁的縮圖，即便動態消息貼上的是短網址，還是可以呈現原始網址的縮圖與標題，而在即時通訊 LINE 上，早期貼上短網址連結，也就只能看到短網址連結，後來，也進一步能夠帶出網頁標題與縮圖，但沒有帶出真實網址。主要是提供用戶方便性為主。不過，另外你可以深入想的是，利用縮圖的假冒騙人手法你有遇過嗎？像是假冒知名網紅頻道與製作風格相近的影片封面。

12-2 釣魚詐騙網址問題更讓人擔心，基本該有的網域識別能力

此外，即便不是短網址，一般人對辨別真實網址也缺乏概念。由於釣魚連結問題不斷，又有一些人不太懂得識別真偽網址，這真是個傷腦筋的問題，最好的方法，就是不輕易點擊任何網址，並學會試著分辨網址。但其中有許多眉角你可要有所認識。

大家可以想像，網路世界的門牌號碼就是「網域」，如果你走錯，就不會走到你要到的地方。而釣魚網站就是讓你以為走到是你要走的地方，但其實只是門面布置得一模一樣，實際門牌號碼根本不同。

所謂**網路釣魚**（Phishing），就是指網路犯罪者偽裝成合法公司或個人，企圖竊取他人個人資料、使用者名稱、密碼，或是其他敏感帳號資料的行為。

當然有些是很假的網址，你一看可能就會有警覺，但有些故意假冒有點相像的網址，有些民眾可能就搞不清。因此，學會基本的識別能力很重要。

這裡以 2021 年 1、2 月發生的假冒金融業者名義發送釣魚簡訊事件來舉例，有網路犯罪者假冒國泰世華、台新銀行等名義發送釣魚簡訊，以誤導民眾至偽裝金融網銀的釣魚網站，有民眾網銀帳密與 OTP 碼都輸入到詐騙集團的釣魚網站，導致用戶網銀被盜轉。因此，企業會要關注降低自家公司業務與品牌遭濫用的風險；執法單位同樣關注，後續也會宣導有這樣的情形，要民眾注意；而用戶也應該要懂得自行去確認，而不是收到一個通知，就以為是真的銀行傳來。而事件本身其實有很多注意點，像是陌生簡訊不輕信且要自行查證，就是最一開始可以警覺的地方，不過這裡就專注在識別釣魚網址這一部分。

以冒名國泰世華的簡訊為例，附上的釣魚網址包括 www.cathay-bk.com（假）、www.cathaydc.com（假）等，但實際的真正網址應該是 www.cathaybk.com.tw（真）。大家可以發現，這些釣魚網址與真實銀行官方網址相近，使用字元**加**或**減**變化的方式，多一些橫線或字母，讓沒看清楚的人上當。

另外你還要小心各式字形的偽冒**混淆**手法，舉例來說，像是把英文 L 小寫「l」被改成數字「1」等、英文字母小寫「o」改成數字「0」，甚至是英文字母「m」改成「rn」的方式，還有像是假冒為「銀行英文簡稱 -Supprot.com」等之類，讓對網域名稱表示方式不熟的人誤以為是真的。

因此，你最好要懂得的觀念，就是注意偽冒連結網址，以及查證真實網址的差異。

此外，大家更要懂得網域的觀念。基本上，網域名稱的英文是 Domain Name，舉例來說，國人現在熟知的 LINE 來說，他們也有官方網站，而 lime.me 就是該公司的專屬網域。

但是你要如何懂得區分？以下用一些範例來讓你瞭解，並會用底色標示該連結的真實網域。

https://line.me/zh-hant/（真）

https://fact-checker.line.me/（真）

接下來我們再看到下面的情形

https://hub.line.me/search/2021.html（真還假？）

https:/line.me.mailru382.co/efaxdelivery/2017Dk4h325RE3（真還假？）

https://line.me.login.en.zkiki.com/login/en/?ref=http%3A%2F%2Fline. me. %2Fd3%2Fen%2Findex（真還假？）

為了讓你更清楚真實網域的位置在那，以下我再用底色標示該連結的真實網域：

https://hub.line.me/search/2021.html（真）

https://line.me.mailru382.co/efaxdelivery/2017Dk4h325RE3（假）

https://line.me.login.en.zkiki.com/login/en/?ref=http%3A%2F%2Fline.me. %2Fd3%2Fen%2Findex（假）

如此一來，你應該更清楚知道真實網域的位置。

此外，就是連結顯示文字不等於真實連結網址，你也該注意，例如在網頁內容上看到連結，https://hub.line.me/，這就是連結顯示文字，在電腦上，你要記得將滑鼠移到上面，瀏覽器左下角會出現真實連結網址。另外，你可能也想到，在手機上有時可能出現不容易識別網域的問題。

這些基本的辨別網域與連結的觀念，希望大家都能有基本的認知。相對地，你也可以看到有些企業很積極，會在官方網站公布這樣的資訊，告訴大家那些才是合法的網域，讓大家能夠對照與分辨，只是多半並沒有這麼做，而且還要顧及網站防護不力被竄改的問題。

12-3 政府自建短網址服務，讓民眾更好識別政府網站

近年來，大家或許也同樣看到更多短網址被網路攻擊者濫用的狀況，也就是將惡意網站用短網址來顯示。

像是 2020 年疫情之下，衛生福利部、中央疫情指揮中心經常向民眾提供疫情資訊，以及進行教育宣導，但是，也有網路攻擊者，趁機假冒指揮中心或疾病管制署名義，發送網路釣魚電子郵件或簡訊，並將惡意連結用短網址來包裝。

同時，我們過去也可以經常看到，政府機關人員在社群平臺分享政府網站新聞稿資訊時，也會使用民間的短網址服務。

這不免讓人混淆。因此，2022 年 10 月底，數位發展部新推一個由政府自建的短網址服務，一開始看到這項服務，由政府自建、供政府機關人員使用，構想的確特別，有其好處，讓民眾識別上又再容易一些，但民眾還是要懂得識別網域方面知識就是。

基本上，對於大眾而言，以往認明政府網站，都是認明「gov.tw」網域名稱結尾的 URL 網址，而現在也可認明「https://gov.tw/」開頭的連結。

但要注意，官方最早宣導提到認明 gov.tw 開頭的網址，雖然這可能是為了好記，但我覺得並不精準，應該是要認明 gov.tw/ 開頭，/ 也不能疏漏，筆者趕緊向官方反映，他們表示會調整更精準。

這是因為，如同前面所提，我們知道攻擊者偽造的惡意網站或釣魚網站，可能會用「gov.tw.xxxx.xxx.xx」，後面部分才是真實網域，因此，民眾自己能有更多的認知，才可以更自保。

畢竟資安專家也可能有疏漏，機關人員作文宣時沒考慮到，資安有很多細節、環節，你有注意到這些概念，就有更多自保的餘地。

 認識瀏覽器網址列的 HTTPS

關於瀏覽器網址列的前方，大家過去可能看過有鎖頭的圖示，也曾經看過顯示網站「不安全」，基本上，這個大家一般人容易誤解，這裡指的安全，簡單來說，是指網站有無 HTTPS。

若是有 HTTPS，代表有透過 SSL 或 TLS 這種安全性協定，讓原本的 HTTP 協定具有對身分認證與加密連線的功能，確保交換資料的隱私與完整性。因此，這裡的安全定義，是針對資料傳輸方面。

而對於只是 HTTP，不是 HTTPS 的網站，用戶只是瀏覽網頁還可以，但最好不要在這樣的網頁上輸入帳號密碼，或是信用卡資料等。而現在全球網路的趨勢，都是在推動 HTTPS 的普及。

13

認識免費的線上檔案、網址
惡意檢查服務介紹

在上一篇提到短網址的風險後，網路上其實也有可以檢查連結是否暗藏惡意的服務，例如知名的 VirusTotal。這次主要就是介紹它，相信許多人並不陌生，特別是在 2012 年 Google 收購它之後。

事實上，不只短網址、釣魚網站，所有網站連結都有風險，就如同先前所說，程度大小不一而已，像是正常網站可能是後來被駭客嵌入惡意，一時間沒被發現，或是老舊未維護的網站，被植入惡意後的風險更大，因為沒人維護。

不只是 URL 連結，過去網路上就有許多好玩的軟體或檔案可供下載，但這些檔案安不安全，大家過去也很難識別。因此，VirusTotal 就是一個能帶來幫助、作為參考的工具。

13-1 VirusTotal 可掃描已知威脅，幫助檢查可疑網址與可疑檔案

簡單來說，VirusTotal 是一個提供檔案及網頁安全分析服務的網站，如果自己對某個網頁的安全性有疑慮，可以先利用 VirusTotal 進行檢測。

VirusTotal 網址是：https://www.VirusTotal.com

它的最大特點，就是結合了超過 50 套防毒軟體的引擎和病毒碼，來進行判讀。這也是因為各家防毒偵測能力不同，所以在多套分析下，就可以看出是否有多家辨識出有問題。

但是，大家還是要有觀念，通常越多防毒軟體偵測出有毒，就有較高的機率是有惡意存在，但若是都多家引擎掃描後都沒有問題，可別以為完全沒問題，還是要知道，這其實只是當下沒有問題，記住、記住、記住，並不會有 100% 安全這件事，如果你是第一個遭遇這隻病毒的人，防毒公司也不會有其樣本，因為這類掃毒是針對已知病毒威脅的掃描。只能說當下沒檢測到，風險較低。

根據維基百科的說明：VirusTotal.com 是一個免費的病毒，蠕蟲，木馬和各種惡意軟體分析服務，可以針對可疑檔案和網址進行快速檢測，最初由 Hispasec 維護。

使用多種反病毒引擎可以令使用者們通過各防毒引擎的偵測結果，沒有任何一款軟體可以提供 100% 的病毒及惡意軟體檢測率。

值得注意的是，VirusTotal 上的防毒引擎為指令版本（Command Line Version），與安裝在電腦上的防毒軟體偵測結果可能有別，因為電腦版防毒軟體可能會根據防火牆、雲端檔案用戶回報、啟發式掃描等其他元件輔助偵測，而指令版本根據病毒庫資料作出判斷。

13-2 另一國內服務 Virus Check 也可用於掃描可疑檔案

對於惡意檔案掃描，現在民眾其實還有另一個服務也可利用，只是可能很少人注意到。

那就是 Virus Check 的惡意檔案檢測服務，其實，這原本是國內政府給公家單位使用者的服務，在 2019 年的 7 月中旬，才開放民眾使用。

Virus Check 網址是 https://viruscheck.tw/。

這個本土的 Virus Check 服務，在惡意檔案檢測作法稍有不同，根據網站描述，不只運用靜態分析，還會透過沙箱做到動態分析，能夠支援 PDF 檔案、微軟 Office 檔案，與開放文件格式。但是，不像 VirusTotal 功能那樣全面，像是還會有惡意網址的檢測。

換句話說，對於一般民眾而言，遇到可疑的檔案時，基本上可以送到這兩個服務來分別做檢查。而對於可以網址，主要就是透過 VirusTotal 來分析，都是免費就能線上使用的服務。

是否想過使用其他環境乾淨的電腦來點可疑連結

就是遇到不熟悉的網站，也有很土法煉鋼的作法，就是使用一臺不是自己常用的電腦，系統環境很乾淨的電腦，裡面沒有登入過任何帳號，也沒有存放重要資料，甚至不同網路連線，從這一臺電腦連上該網站，避免自己的電腦遭受惡意威脅。

13-3 LINE 即時通訊也有機器人查證可利用

此外，隨著即時通訊成為現在人更普遍的資訊傳播管道，對於可疑網址的檢測，近年我們也看到新的應用方式，就是利用 LINE 機器人的機制，提供詐騙可疑訊息的檢查。例如，趨勢科技就在 LINE 即時通訊平臺上，提供了「趨勢科技防詐達人」LINE 官方帳號，就是一例。

這種機制有分主動與被動式的作法，簡單來説，你可以主動將可疑網址傳給這個機器人帳號，也可以將這個帳號加入 LINE 群組之中，之後大家傳訊息時，這個機器人帳號就會自動偵測群組內不安全的訊息連結。減少用戶連至釣魚網站、假免費貼圖好康詐騙的機率。

當然，你或許會想到，機器人是否會監控聊天內容的問題，趨勢科技過去曾對外表示，這個機制只是針對網址分析，因此不會收集用戶對話的相關隱私紀錄。

此外，假新聞問題也是橫行，之前也有這類機器人帳號，包括「美玉姨」、「Cofacts 真的假的」，而在 2021 年 12 月 16 日法部務調查局更新的查證參考資訊，包括：TFC 台灣事實查核中心、Line 訊息查證、蘭姆酒吐司、MyGoPen 都可以利用，要幫助他人或自己確認這訊息是否有問題，可將標題或內文去多搜尋、多查證。話説，假新聞的議題，其實真的是大家要能有概念，我以個人經驗覺得，有心捏造九真一假的內容，才是最要防備的。

畢竟，有心人士搞出很假的內容，識破機率高，但帶點真實的資訊，再來個概念上的混淆或錯誤的類比，就容易帶來煽動。

14

近期收到很多詐騙電子郵
件，標題竟是公布用戶可
能曾經用過的密碼

關於釣魚網站，釣魚連結，在前文已經稍微提到過，接下來聊聊郵件。

之前有一個詐騙的電子郵件，可能很多人都有收到，是恐嚇知道用戶你的密碼與入侵你的電腦裝置，並勒索比特幣。

有些更是在郵件的標題上，就說明了你自己的密碼是多少，信中甚至暗示像是知道你去了色情網站，並在電腦中植入惡意程式，同時還透過筆電攝影鏡頭，偷拍表情與擷取畫面，然後以此要脅要付比特幣，否則要傳影片給你的聯絡人與朋友。

雖然，這種信 Gmail 都已經幫我擋了下來，放到垃圾信匣，也會提醒這封信可能有問題。但這樣的風險，大家也能多關心一下，畢竟也算是近期熱門的詐騙手法，而且應該不少人都跟我一樣收到許多封這樣的信。

信中內容大概是：

In fact, I placed a software on the 18+ video clips (porn) site and you know what, you visited this web site to experience fun (you know what I mean). When you were watching video clips, your web browser initiated working as a Remote control Desktop that has a keylogger which provided me accessibility to your display screen and cam. Just after that, my software program gathered your entire contacts from your Messenger, FB, and emailaccount. and then I made a video. First part displays the video you were viewing (you've got a good taste haha), and second part displays the recording of your web camera, and its you

關於這類郵件詐騙的事件，有興趣可以進去看一下
（資料來源：iThome，https://www.ithome.com.tw/news/126766）

14-1 又是密碼外洩引起的問題

我自己是大概在 2018 年 10 月初，在一場工作上的閒聊時，剛好聽聞對方提到這件事，一個月後也真的在自己 Gmail 的垃圾信匣中，看到非常多封這類型的英文郵件，信中的內容大同小異，但特別的是，信中的密碼，也確實是我曾使用過的一組密碼，不過，那組密碼是我用在不重要服務所設定的密碼。

而這類信件後來也持續收到，雖然大多還是英文版本，不過從許多網友對此事的討論，可以發現有日文的版本，大約是 2019 年的過年前，我更是收到簡體中文的信件內容。

這樣的事件其實點出了很多東西，像是前面章節就提告過密碼外洩的問題相當嚴重，因為過去有些服務對於帳密保存不夠重視（當然，隨著事件越來越多，也會讓這些業者更加重視資安防護），才讓網路犯罪者有機會透過已經外洩的帳號密碼來勒索，而你的帳號通常就是以 Email 註冊，因此要把郵件寄給你並不難。

所幸，這樣的類似信件多是廣發的勒索詐騙，實際上並未入侵使用者裝置。當然，你的電子郵件信箱密碼可能並不是這組密碼，也就不容易受騙。

但已經可以讓一般民眾帶來警惕，就是你的這組密碼已經外洩了，如果是你重要網路服務的密碼，更應該即刻採取行動。在沒有被感染病毒的電腦上，前往正確的網站修改自己的密碼。

如同前面章節提過，現在瀏覽器也都開始提供密碼外洩通知或檢查的機制，包括 Firefox Monitor，以及 Chrome 瀏覽器內建安全檢查功能，自己都應該要有基本的注意。

無論如何，雖然這種內容以英文信居多，不過在我收到中文信後，覺得大家可要更注意了！而且，現在只是簡單的恐嚇詐騙，若是後續手法進步與更多惡意攻擊結合，一般人可能更容易上當，或是受到的威脅更大。

▌14-2 寄件者電子郵件竟可被變造！

另外，這起事件裡面還有一件事也應該要有所認識，那就是有些這種詐騙信還會把寄件者偽裝成你自己，明明是詐騙者寄送的，看起來卻是自己寄出的信，讓人誤以為自己帳號可能真的被盜用。

關於這種更難防的偽造寄件者，我猜應該是一些電子郵件寄送的軟體工具，很容易就可做到這樣的事情。但是，多數人或不是郵件領域的人，可能不知道。

我覺得，這樣的問題其實一直未被突顯出來，但事實上是可以做到的，筆者過去很早就從郵件安全專家的口中得知，其實偽造寄件者這件事是相當 Low 的技術，很簡單就可以做到，只是對普遍使用者來說，沒有概念。

其實在 Gmail 說明網站上，也有提到這類問題是可能發生：

「電子郵件假冒情形是如何發生的

當您傳送電子郵件時，郵件中會附加寄件者名稱。不過，寄件者名稱是可以偽造的。

假冒的電子郵件可能會使用您的地址做為寄件者地址或回覆地址。」

 來電號碼也會被假造

話說，除了郵件的寄件者可被偽造，這裡再提到一個狀況，是電信的手機來電電話號碼，也同樣會有偽造的問題。就像橫行多年的「取消分期」電話詐騙，犯罪集團可以將來電顯示竄改為真正的銀行客服專線號碼，假冒銀行客服跟你聯絡一般，用戶應該要知道有這樣的情形，才能更警覺（後面我們會再繼續談到）。

14-3 郵件安全議題廣，社交工程手法該有所認知

另外，對於郵件安全議題，之前也曾想進一步探討其他相關問題，例如，十多年前，垃圾郵件的問題相當嚴重，後來則是惡意郵件變得嚴重。而在過去，我們會知道要識別可疑郵件，首先就是看到不認識的人來信，你應該就要想想，為何他會寄信給你，還有就是注意郵件標題，對於那種腥羶色新聞的郵件、時事話題相關、聲稱好康優惠訊息，不認識的人為何要寄給你。

以上主要是針對濫發式惡意郵件防範，但有一些是更要注意，例如假冒系統通知信，或是工作上的郵件，這類使用者經常會開啟的對象，但這時你就必須要懂得自我防範，對於連結與附檔更是要十分謹慎。

基本上，一般個人使用的免費電子郵件服務，現在幾乎都會內建垃圾郵件過濾、病毒防護，或是限制無法寄送自動執行檔 EXE 等的安全措施。而企業員工使用的企業電子郵件信箱，企業本身應該也會購買垃圾郵件過濾，或是進階郵件安全模組、郵件安全閘道設備，然後配合企業本身更多的內網防護。但是，一般民眾要知道的，還有少數惡意郵件可能突破防護，而且更多網路攻擊是透過社交工程方式進行，現有的技術就不容易阻擋，因此使用者本身就該有郵件安全意識。因此，要避免這些郵件威脅，其實是業者、企業與個人都各自要做到防範。

社交工程一詞是資安常見術語：

關於社交工程的描述，有許多說法，我以自身認知來統整並補充。根據維基百科說明，社交工程指的是對人進行心理操縱術，使其採取行動透露機密資訊。所有社交工程攻擊都建立在使人判斷過程產生認知偏差的基礎上。

最值得關注的是，這種手法不需資訊專業技術，我歸納為以下：利用人性弱點與特性，像是：好奇心、同理心、貪小便宜等心態，以及利用人性容易相信的弱點來誘使上當。對於防範詐騙沒有足夠的認知，因此利用偽裝、假冒、盜用身分方式，假藉網路服務系統通知、企業與政府、熟人、客戶、顧客名義，來誘使點擊、開啟、執行各種惡意或套出資訊等。

 ## 可隱藏真實電子郵件信箱的服務在 2021 年興起

電子郵件信箱用途廣，輸入到各式服務的機會也多，在 2021年有一新趨勢，是先後有廠商推出對抗垃圾郵件、保護隱私，可隱藏真實電子郵件信箱的服務，例如，Mozilla 的 Firefox Relay，還有像是 Cloudflare 的 email routing，以及 1Password 也與 Fastmail合作推出 Masked Email 服務，大致上，使用者可透過這類服務，可隨機產生電子郵件信箱並自動轉寄到真實郵件信箱，有興趣的人也能認識這樣的新發展趨勢。

14-4 在工作上也有臨時要求變更匯款 帳號的商業電郵詐騙要注意

接下來再談一個特殊的郵件安全議題，與工作職場上有關。

有一樁商業電子郵件詐騙的事件，事件發生在 2013 到 2015 年間，直到 2017 年美國司法部起訴而正式被揭露。

> 新聞標題是：「傳歹徒冒充廣達的電子郵件，臉書、Google 遭詐 1 億美元」
>
> （資料來源：iThome，https://www.ithome.com.tw/news/113790 ）

簡單描述一下這起事件，當時，美國司法部指控立陶宛籍人士 Evaldas Rimasauskas，以假造的電子郵件冒充一家亞洲電腦硬體製造商，向兩家美國網路公司進行詐騙，騙取匯款超過 1 億美元到其控制的帳戶。雖然該起訴書沒有說明受害身分，但報導中已經表示受騙的兩家公司是 Google 與 Facebook，而被假冒名義的亞洲製造商也就是台灣的廣達電腦。

對於一般民眾而言，除了要小心釣魚郵件這種基本威脅之外，對於商業電子郵件詐騙，也是日常生活的工作上需注意的網路犯罪手法。你有沒有想過，跟你工作上通信的是不是對方本人？

是否知道對方可能使用很相像的電子郵件跟你通信？

是否知道對方電子郵件帳號可能被盜用？

是否知道你點回信時，收件者卻可能被竄改成他人？

這種手法並不新，但上鉤的人卻不少，網路上一查，國內刑事局在 2014 就有提醒相關詐騙的新聞。

簡單來說，這種詐騙方式，**稱之為商業電子郵件詐騙**（Business E-mail Compromise，BEC），**也簡稱 BEC 詐騙**。從受害對象來看，這類詐騙行徑多是與國外供應商或業務有所往來的企業，尤其是製造、食品、零售、運輸等傳統類型產業，資安警覺性較低，受害可能性高，英文內容溝通較多，又存在時差不易求證問題等。

不過，這種網路威脅不僅僅是企業 IT 要關心，其實收到這類假冒信的員工更是要注意，包括聯絡窗口業務，或是財務相關，或是 CEO 高層，因此這是不同領域的人都該認識的風險。

因為，這類詐騙最後的關鍵，就是假冒的對方臨時通知你要變更匯款帳號，或是假冒你的老闆要求，因此這不僅僅是企業 IT 人員要瞭解。

其實大家可以想一想，若能更早認識到這樣的風險，就能警惕的更早會更好。因為，近年三不五時，就有企業 IT 媒體，或是社會新聞可能已經報導這類新聞，一般企業管理者、財務人員或聯絡窗口，早點注意就能早些對這種狀況有所警惕。

還有一個觀念大家可能要注意一下，雖然網路安全不斷有新的威脅出現，但舊的威脅能持續有效，就是用戶始終沒關注到，或一再忽略，這樣的情況不應該這樣持續下去才是。

當然，釣魚郵件已經是生活上常提到要注意的資安問題，因此，這次聊生活資安時，也一起針對工作上的商業郵件詐騙來談，畢竟每個人工作上也都可能要注意，對於一些突然變更匯款帳號的狀況，自行從不同的第二管道確認很重要。

 在生活上之外，工作上有很多同樣資安問題要注意

這裡也想補充的是，資安議題在日常生活周遭隨處可見，即便每個業務領域不同，但日常工作上的工具都同樣有要注意之處。

此外，工作上的資訊安全問題還有很多可以談，在中小企業而言，不論是密碼貼在電腦前，還有像是印表機印出的機敏資訊可以被拿取，沒有使用密碼列印或是行政區域實體隔離的作法，通訊名單的安全存取，還有公司資料是否很容易就能上傳外部雲端空間，種種問題，除了從公司本身的技術面、管理面與治理面去防範，每個人有基本認知其實會更好。

15

使用電腦，大家會用便利貼
貼住筆電上的攝影鏡頭嗎？

在上一篇談到的詐騙郵件中，提到該信中的內容有一段是，透過你的筆電攝影鏡頭拍下你上色情網站的畫面。

這回，我們就來聊聊攝影鏡頭的問題。

在生活上，不知大家有沒想過自己電腦的攝影鏡頭，可能有被偷偷啟用的疑慮嗎？

記得，筆者在十多年前的第一台宏碁筆電上，就使用小的便利貼，將攝影鏡頭貼住，後續用的 HP、華碩、Dell 也都維持一樣習慣。因此，就算看到前一篇的這種詐騙信內容，當下應該也會直接看穿是騙人的內容。

15-1 臉書創辦人被發現將筆電攝影鏡頭遮住

其實有點忘記當初為何會這麼做，應該也是看到有相關新聞或資訊，知道攝影鏡頭被遠端控制的風險，畢竟，過去電腦中毒狀況一堆，想想，這種事件好像也很有可能，因此就把它貼起來（也就是用便利貼，後來應該是用彩色分頁標記貼，將筆電上攝影鏡頭遮住），反正平常根本沒怎麼開攝影機，貼起來也不礙事。

記得筆者早期一開始觀察攝影鏡頭設計的時候，就發現鏡頭旁邊會亮燈，也就是會有燈號顯示，以提醒用戶攝影機正在啟用中。但是

後來也發現到，有些筆電並沒有這樣的設計，而讓使用者無從判別，因此，筆者就告訴自己：反正把它遮住就對了。

而且有時候沒有看見亮燈，也會有鏡頭是否正在運作的疑慮，所以筆者就不管三七二十一的先用便利貼擋住，反正當下也的確沒有使用上的需求。就算要使用，將它撕下來也很容易。

因此，這種風險概念，也不是資安專家才能有，就像我在一般學生時期，但只要有常用電腦，多上網，多注意相關資訊，可能就會注意到。相信十多年前，應該也是有很多人接觸到相關資訊而知道風險所在，因此基於隱私或資安的考量，將筆電螢幕上的 WebCam 攝影鏡頭，用膠帶、彩色分頁標記貼等方式遮起來。

不過，像是 2016 年的另一則新聞，也讓這樣的問題再次受到關注，這是因為有人發現，臉書創辦人祖克柏 Mark Zuckerberg 貼出的照片中，該照片不經意洩漏，他有用膠帶防駭客入侵筆電偷窺。

我那時也想說，這不是 10 幾年前就看過有人警告的事情嗎？但從一些回文與貼文來看，或許大家對於電腦的熟悉程度還不夠多，直到 2016 年還是有人沒接觸到這方面的資訊。

這次事件也再度讓人體會到，其實每條新聞，都可以讓沒有意識到的人可以多加警醒。當然，更嚴重的問題往往在於，一樣的事件不斷重演。

照片分享也有隱私要留意

這裡也想補充的是，對，就是大家分享的照片，其實很多時候就是會不經意透露出一些事情，大家應該對這樣的場景不陌生。照片分享除了隱私議題受關注，有時大家喜歡拍照上傳，但卻透露出自己的喜好，甚至是自己不想讓人發現的事情，像是拍照説自己一個人，結果照片中鏡子反射還有別人之類。XD

好啦，這裡聊到照片，也想到一個大家可以知道的觀念，那就是拍照時開啟 GPS 定位功能，而照片的 EXIF 資訊也會記錄經緯度喔。而照片上傳後，雖然有些網路服務會提供自動刪除所在位置資訊的功能，但哪些有哪些沒有就是自己要注意了。

15-2 現在電腦也開始為攝影鏡頭設計實體開關

接下來我們再聊聊，筆電製造商在這兩三年來也開始有所因應動作，隨著筆電製造已經相當成熟，現在也針對一些細節改進，像是現在少數新的商用筆電，已經提供了隱藏式攝影鏡頭的設計。

如同前面很多事件，資安問題除了每個人都有意識，使得自己會去注意，在現在越來越重視資安的環境下，許多層面也都會慢慢設法改善，這主要也是因應相關需求而生，只是很晚才發展就是。

例如，像是筆者在 2018 年，看到 HP EliteOne 與 Dell 的桌上型 AIO 電腦，其攝影機是隱藏在螢幕上方，要開始使用視訊相關功能應用時，才會自動升起。大家過去用過數位相機，應該聯想到這不就類似過去彈出式閃光燈設計。

此外，後續在各家筆電也發現攝影鏡頭隱藏的設計，像是聯想 ThinkPad 系列，在攝影鏡頭上增加 ThinkShutter 實體蓋（如同滑軌形式），一推將鏡頭遮住。而 HP 的 Elite 系列，同樣有鏡頭實體開關設計。現在 2022 年有更多產品都具備此設計。過去大家如果用過 Epson 投影機，滑軌遮住投影應該不陌生。當然，邏輯一樣，但用途不同，投影機上是為了不用關機可暫時待機，而筆電上主要是防鏡頭偷窺。

▲ 要遮住攝影鏡頭，除了自己使用（一）便利貼，或是用（二）筆電內建機制，還有一些小的（三）禮贈品也是針對此設計，例如，這是從 iThome 拿到的一個具滑軌設計小贈品，平時可以關閉，需要用時推一下滑開就能看到攝影鏡頭。

15-3 變造聲音偽冒可能是更難因應的難題

針對攝影鏡頭所談的避免偷拍之外，另一個你可以多想想的議題，就是偷聽！

如同先前物聯網安全的議題，現在無論電腦、手機，還有智慧喇叭、智慧電視之中，很多應用都可以靠語音介面來創造更方便的人機互動模式，也就是用說的，就可以命令與控制設備做什麼，而不用滑鼠點選或鍵盤打字，等於是更直覺的人機互動方式。

但對於聲音這種無形的偷聽，更是容易成為被忽略的問題，當然，之前已經有相關新聞，像是玩具內建麥克風、擴音器，但有資安研究人員指出，該服務背後有很多不重視資安的問題與漏洞，會導致可聽取隱私對話的問題，還有像是 Amazon Echo，Google Home 和 Apple HomePod 這類智慧喇叭，甚至像是 2021 年竄紅的 clubhouse 語音平臺，大家可以多關心這類議題的後續發展。

其實，光是 clubhouse 語音社群平臺有很多資安面向可談，如果只專注在聲音，你的聲音資訊過去可能從來電或視訊會議，或是面對面才能取得。而現在這樣的語音平臺，創造了更好的聲音交流環境，是否也可能有更多可能的風險以及遭濫用的問題呢？

16

**AI 語音加持下的電話詐騙！
未來需要更加注意**

在日常生活中，從十多年前就流行過的詐騙電話，對方打來聽你的聲音是女的就喊「媽」，男的就喊「爸」，然後說他出事了，聲音聽起來像是被打很悲慘，還有不斷哭哭啼啼的聲音，不少人或你家長可能都接過這種電話。

雖然不少網路上說這種很容易識破，或者是情境錯誤就能一下看穿，像是兒子明明在旁邊，對面打來還自稱是兒子，還在那邊哭夭。

不過，這種利用人性心理的社交工程伎倆還是可能奏效，記得連筆者父親曾接到這類電話，之後跟筆者說，那人的聲音跟我好像，害他真的以為發生什麼事，急著打到上班公司確認是不是被綁架。心一慌、心一急，判斷就亂了。

這種騙術，未來可能需要更加注意，因為 AI 語音詐騙也有實例了，能夠利用 AI 模擬對方的聲音，再撥給給另一方執行詐騙。

16-1 假造語音的詐騙手法

這種 AI 語音詐騙，在 2019 年 8 月 30 日華爾街日報的報導中，首度指出已有能源公司遇害。簡單來說，網路犯罪集團假冒了德國總公司 CEO 的聲音，然後打電話給英國子公司的 CEO，要求馬上匯款給位於匈牙利的供應商，位於英國的 CEO 或許聽到熟悉的長官聲音，沒有懷疑，就很聽信的匯款。

這樣的事件，似乎也反映出，網路釣魚的攻擊管道，也可以從電子郵件擴大到 AI 人工智慧語音。

哇～這種技術還真夠嚇人。

這種詐騙手法，其實跟所謂的商業電子郵件詐騙很像，都是冒用身分的網路攻擊行為，不過一個是用電子郵件來指示，一個是用電話來指示，當然，這類精心設計的詐騙，前面還會有一連串的滲透，網路犯罪者可能還要調查相關負責人，以及掌握交易過程與對象，在關鍵時下命令就很容易成功。因此不像是廣撒型的詐騙，不懂的人就上鉤，更難以防範。

尤其是電話可是即時性的溝通，不像電子郵件是非即時同步的溝通方式。比起線上打字，這種以 AI 軟體偽裝成老板聲音來指示，雖然看不到對方，但聽的到對方立刻做出回應，一旦覺得是對方聲音，內容不要太誇張，就比較不容易產生懷疑。

想想，這種手法不僅能假裝成企業老闆，財務長，業務聯繫窗口，也可能假裝成各式生意對象，或是上述喊爸喊媽的詐騙，這樣的事件其實已經在告誡我們，未來我們的生活上，對於這些聲音資訊須抱持著更多警惕。

如同 AI 人臉濫用與換臉技術，這類 AI 語音詐騙，其實民眾都要有個概念，知道有這種風險存在。

16-2 冒用身分的詐騙，時常出現在我們生活周遭

冒用身分的風險，其實先前就有提到，而冒用身分的場景，其實你想一想，應該都可以想到很多，日常生活上已經有不少事件。例如：

先前提過的釣魚簡訊、釣魚網站，假冒銀行名義發送簡訊，通知你前往看似銀行的網站，還有釣魚郵件也會利用假冒系統通知信的方式，讓你前往釣魚網站。

而在 LINE 即時通訊上，過去常出現假冒品牌業者或公司的 LINE 官方帳號，目的是竊取個資，這也使得警方與 LINE 公司不斷提醒，要民眾知道，LINE@ 帳號的盾牌，分為灰色盾牌的一般帳號，以及深藍色盾牌的認證帳號，另外還有同樣是經認證、最保險的綠色盾牌的官方帳號。

在 Facebook 社交平臺上，也有很多假粉絲專頁假網購頁面，特別是還有假冒 Facebook 官方的粉絲專頁，並利用轉貼內容時的通知訊息，誤導粉絲專頁主以為是官方發送訊息，前往釣魚網站，導致帳號密碼及粉絲專頁被騙走。

這種品牌業者或服務公司本身業務與品牌遭濫用的風險，由於現階段業者本身不易防範，因此民眾必須自己小心，懂得識別釣魚及假冒問題。

甚至，不知道你是否玩過 RPG 線上遊戲，例如天堂，你在奇岩城街道上跟公會成員或朋友聊天，等到一方下線後，突然有一人走過來跟你說話或密你，自稱是剛剛那人的小號，要跟你借遊戲金錢或道具，然後也說了很多你知道的事，也就是剛剛聊過的事。這種也就是在旁邊偷聽，然後在冒用分身詐騙你的一種情境。

還有上述的 BEC 詐騙，也就是先滲透公司電子郵件，掌握了你與對方的交易資訊，然後在最後關頭，可能利用竄改郵件的方式，例如對方偽冒的電子郵件信箱，與你之前聯絡的電子信箱很相像，讓你誤以為還是原本聯繫的人寄來，要變更匯款帳號，使得自己將幾百萬幾千萬元的交易款，不慎匯給網路犯罪者的人頭帳戶。

而從聲音來看，前面所提的打來就喊「爸」喊「媽」的詐騙電話，這是很假的冒用身分方式，但對方也可能同時打電話給你而佔線，或是不斷騷擾你讓你暫時不想接電話，讓自己爸媽可能突然聯絡不上你。

還是現在 AI 加持下可以做到更逼真的冒用身分，像是上述 AI 語音詐騙，可能從公開管道，像是演講影片、新聞影片，或是其他內部管道，竊取到公司 CEO 的語音，利用 AI 技術編造出以該 CEO 聲音講出他不曾講過的話，達到冒用身分的目的。

另外，也可以從不同面向來思考。例如，早期 AI 語音冰冷，對於顧客體驗來說，比較沒有親切感，隨著 AI 技術進步，這類機器人語音就會更貼近一般人說話的感覺，此外，在 AI 加持下，就如同之前 Deepfake 影片，聲音也靠這類技術假造，感覺上也行得通，可以模擬你的聲紋。

此外，還有先前提到生物辨識技術，其實聲紋辨識也是一種，而且已經實際運用在生活當中。話說，前面提到銀行的身分識別，大家不知道有沒有注意到，還有採聲紋辨識服務的技術已經有在應用。像是花旗銀行就有採用這樣的技術做到客服電話的身分認證，比起過去你聽電話答錄機，輸入自己身分證字號等個人資訊，讓服務過程更簡便且安全，增加用戶體驗，但同樣地，新技術往往也因不同層面而導致新的風險。

當然，你將這些關於聲音的風險與事件串連下來，大家可以想一想，你的聲音資訊，過去可能只有從電話、視訊會議或面對面才能取得，而近年流行的 Clubhouse 這樣的語音平臺，創造了可以讓更多人，用語音就能分享交流的環境，相當令人著迷，但這種更開放的環境，是否還可能衍生出更多風險，導致資料被有心人士利用，而這些平臺業者一開始可能沒注意到，未來是否有辦法解決，你又是否能夠先去注意或找出安全使用的方法呢？

17

在外面使用電腦，不怕被身旁
的人看到螢幕內容？

在咖啡廳、高鐵列車、機場位子上使用筆電時，是否擔心會被一旁的人，看到自己的內容？應該大家都有想過這問題，知道有這樣被人窺視的風險。

在協作情境上，身旁的人也能看到畫面很重要，但只有自己作業時，身旁的人還能看到畫面怎麼辦？

在前面電腦上攝影鏡頭所引起的安全問題後，再回來聊螢幕畫面被身旁窺視的風險。

在十多年前或更久，市面上就已經有螢幕防窺片的產品出現，大家都用在辦公座位的電腦上，怕被老闆看到自己在上網（大誤），讓身旁的人不容易看到自己的螢幕畫面。

不過，避免有心人士偷窺螢幕內容，行動辦公不洩密，相關技術也在進步，這次就聊聊這方面。

17-1 不只防窺片，筆電也能用軟體實作防窺技術

當然，在購買實體螢幕防窺片這種作法之外，這次介紹一個筆電顯示上的安全防護技術。

大家或許沒注意到，這類安全防護技術，現在也進步到軟體可實作。例如，前兩三年，應該是 2016 年吧，筆者發現 HP 已經在幾

款中高階商用產品筆電，內建一個與 3M 合作所提供的 Sure View 防窺顯示技術。讓防窺成為筆電內建的功能，而且是能隨時調整控制，在需要時才啟用。簡單來說，一旦打開防窺模式打開的情況時，按下 FN +F2 就能開啟 Sure View，就只有螢幕正面的使用者，能夠清晰地看到螢幕的內容，而站在一旁約 35、45 度角，就看不到螢幕內容。剩下就是注意身後了。

在 2018 年時，剛好向認識的 HP 的人詢問了一下才知道，原來他們有新一代的 Sure View 技術，原因是，因為前一代技術在開啟時，會有螢幕變太暗的情況，因此新一代技術啟用時，會將螢幕亮度提高至 700nits，以解決防窺模式開啟螢幕太暗的問題。

後續在 2019 年，發現聯想也在其產品提供相關功能，稱之為 PrivacyGuard 防窺螢幕，同樣是可以讓身旁的人無法看到畫面。

♟♟ 將筆電留在座位上暫離？

話說，關於在公共場所使用電腦，在臺灣有一個議題很受討論，就是人們暫離座位將電腦放在咖啡廳，居然不會被偷走，看 Youtube 影片時，有很多外國網友表示，這樣的行為，在他們國家很可能馬上被偷。

基本上，將電腦留在公共場合，自己走開，是有風險的行為，若是離開又不設定螢幕鎖定，更是風險，最好不要暫離，更安全就是帶著走，要不然就是不讓其離開視線範圍。

國內風險較小的原因，主要就是這樣的竊盜少，還有監控多，當然如果身旁的人也會幫忙照看是好。但如果在國外，你如果知道這樣的竊盜多，你就不會這樣做，**因此你可以想到，這其實跟威脅態勢有關**。而網路安全也是如此，當你知道相關風險越高時，就應該要更加注意才是。

17-2 手機畫面是否更容易被身旁的人窺視？

話說，現在生活上，大家無時無刻使用手機，其螢幕畫面被旁邊看到的機率更大，像是在捷運、公車上，要想不瞄到身旁的人在看什麼，還真不容易。看到妳在使用 LINE 即時通訊，或是在滑 FB，又跟對方講了什麼敏感話題，看了什麼內容。

雖然有些人會注意靠牆邊站，這就是一種意識。但由於使用手機太頻繁，而且多半還是重視畫質、無邊框、廣視角，雖然我覺得相關防窺片一定也是有的，但對於手機上防窺的討論聲浪，畢竟螢幕小，字也小，相關事件其實是少一點。

18

從資安概念股認識
資訊安全

話説，前面提到不少筆電上的安全機制，還有什麼面向可以切入呢？那就從一般民眾在生活上，最有興趣的股票一起來聊吧！

不過，先來談談，筆電中還有哪些資安相關技術，那就是筆電中的 TPM 加密晶片，而臺灣也有生產 TPM 產品元件的廠商，標的就是新唐 (4919)，當初認識這家公司也是從朋友圈聊到，才從 2016 年認識新唐，然後去了解 MCU，然後也知道它有生產 TPM。

▍18-1 認識 TPM 加密安全晶片

關於 TPM，我大概是十年前開始了解，那時記得是 Windows VISTA/7 時代，因為系統內建的 BitLocker，進而了解到 TPM 的作用。所以並不陌生。

簡單來説，BitLocker 是保護磁碟中重要資料的安全防護功能，不過，想要利用這項技術來加密磁碟中的資料，需要搭配電腦中的 TPM──中文常稱為「可信賴平臺模組」，全名是 Trusted Platform Module。

一般在商用筆電應該都會有搭配，舉例來説，像是宏碁 TravelMate 系列、華碩 AsusPro 系列、聯想 ThinkPad 系列、Dell Latitude 系列、HP Probook 與 Elitebook 系列、Fujitsu Lifebook，還有像是一些旗艦系列產品也會提供，如 Dell XPS 等等。而一般消費性筆電產品，則是普遍沒有 TPM。不過，到了 2021 年，微軟已經開始要求安裝

Windows 11 的電腦,需支援 TPM 晶片,由此你也可以看出安全,逐漸變為必須。

基本上,TPM 加密晶片是一種硬體安全相關技術,概念就是 TPM 晶片內部儲存了鑰匙,然後加密解密作業,是在 TPM 晶片內部完成,具有密碼驗證及儲存身分資料的功能。

例如,透過 BitLocker 經 TPM 加密的檔案,當你的筆電掉了,即使被拆解、磁碟被人取出,接到其他電腦上去讀取磁碟檔案時,將無法解密其內容。

這樣大家應該對 TPM 有簡單的認識。

‖ 18-2 想想財經新聞的資安概念股定義?

再來看看財經報導怎麼看資安概念股。其實,當初自己也是很好奇。

每每看到經濟日報、工商時報列出的資安概念股,都很好奇這些股票都底是怎麼定義。

在 Google 圖片搜尋資安概念股 5 個字後,可找到一些財經的整理表格。例如,這是台積電遭遇 Wannacry 勒索病毒後,工商時報的新聞,表格標題是:資安問題引熱議、概念股有戲,當中的表格內容列出凌群 (2453)、敦陽科 (2480)、瑞琪電通 (6416)、立端 (6245)、川湖 (2059)、精誠 (6214)、中菲 (5403),不過,看到這裡

的資訊時，我第一個念頭就是，資安類股就這些嗎？這又是怎麼選的呢？

常看財經新聞，大多數人應該知道，很多可能是法人投顧給的資訊吧，但就好奇，有的沒列上去又是什麼原因？雖然看表格內容，都是漲的標的，但真的只有這些？或是報導者自己隨便整理一些？當中沒有說明，有時候很難搞得清。

我想，概念股，通常就是有產品線中有牽扯到，我想就可以算吧，畢竟國內專注在資安的軟體與服務公司較少。而且，臺灣硬體元件與硬體代工也多，有時也會被視為相關，像是前面提及的 TPM 晶片製造，網通設備商合勤 (3704)，甚至還有指紋模組廠商神盾 (6462) 等之類。

18-3　從臺灣資安館來認識本土資安業者

那麼，臺灣專注在資安的公司有哪些呢？或許你也想要了解一下。

基本上，臺灣最出名的資安公司，大家應該會想到已經聞名全球趨勢科技，不過，他是在日本市場股票上市 TrendMicro（4704.JP），有興趣的人可以去了解一下，當初他們為何離開臺灣去日本上市，這裏就不細談。

近年國內股票市場，安碁資訊（6690）轉型純資安服務商並且上櫃，算是比較明顯的例子。還有一些上市櫃，本身屬資訊應用服務的 SI 廠商，同時也有代理國際資安品牌，像是零壹（3029）、敦陽科（2480）、佳世達旗下原聚碩的邁達特（6112）、凌群（2453）、精誠（6214）。還有些公司，如今業務中也開始開發資安相關產品，舉例來說，發展出 FIDO 解決方案的凌網（5212）、2022 轉上櫃的偉康科技（6865）。此外，除了上述公司，近年臺灣資安新創其實不少，不過很多還無法在股票市場找到他們就是。

舉例來說，在 2020 年之前出現在臺灣資安館的廠商，包括：ArcRan 互聯安睿、ArmorX 鎧睿全球科技、AuthenTrend 歐生全、BCCS 漢昕科技、Billows 竣盟科技、BlockChain Security 區塊科技、Changing 全景軟體、CHT Security 中華資安國際、CYBAVO 博歐科技、CyCraft 奧義智慧、DEVCORE 戴夫寇爾、DoQubiz 奕智鏈結、DragonSoft 中華龍網、FineArt 精品科技、Funny Systems 法泥系統、Globalwisdom 智弘軟體、HIERO7 禾新數位、iForensics 鑒真數位、InfoBoom 訊苗科技、I‧X Trio 大宏數創意、KeyXentic 關鍵智慧科技、L7 Networks 利基網路、Onward Security 安華聯網、Openfind 網擎、PacketX 瑞擎數位、RUITING 叡廷、Secward 台灣信威、SWT 碩文拓智慧、Sekret、TRADE-VAN 關貿網路、TrustView 優碩資訊科技、TTC 財團法人電信技術中心、UGuard Networks 崴遠科技等、KlickKlack 可立可資安、TeamT5 杜浦數位安全、Wisecure 匯智安全、UGuard 崴遠科技、XCome 擎願科技、ZUSO 如梭世代等。

而在 2021 新加入臺灣資安館的本土業者，有 AAA Security 三甲科技、Apeiro8 源速科技、Axiomtek 艾訊、CHT 中華電信、CT-CLOUD 誠雲科技、Ecolux 尚承科技、ISSDU 數聯資安、ITM 國際信任機器、JRSYS 捷而思、Leukocyte-Lab 盧氪賽忒、N-partner 新夥伴科技、ShareTech 眾至科技、Softnext 中華數位、Sunnet Cyber 旭聯資安、凌群電腦 SYSCOM。

到了 2022 年，還有 Authme 數位身分、BaaSid 博斯資訊安全、Taiwan CyberSecurity Foundry 臺灣資安鑄造、DeCloak 帝潤智慧科技、e-SOFT 曜翔科技、IKV-Tech 銓安智慧科技、NEITHNET 騰曜網路科技、TeamRise 翊捷資訊、Trapa Security。

還有值得注意的是，一些科技大廠轉投資資安公司，例如，由趨勢科技與四零四科技合組的 TXOne Networks，合勤科技也成立的黑貓資訊（Black Cat Info），此外還有新漢科技成立的椰棗科技（TMR），以及力旺電子成立的熵碼科技（PUFsecurity），甚至，趨勢科技新成立電動車資安公司 VicOne，傳統遊戲業者大宇資訊取得安瑞 -KY（3664）經營權，跨足資安，除了有網路安全安瑞（Array）公司，還包括安瑞旗下研發零信任網路安全技術的 Zentry。

雖然以上並非全部，而國內資安新創看起來還不如美國與以色列那般興盛，但也突顯臺灣在這一塊確實逐漸發展之中。當然，也是希望能夠像我國半導體產業一樣，本土資安公司的軟實力也能發展出許多國際級的大型公司。

18-4 從那斯達克 ISE 與資安市場地圖 瞭解概況

另外，在 2020 年國泰投信推出了國泰網路資安 ETF 基金（股票代號：00875），這是一檔囊括全球近 59 家網路安全企業的 ETF，追蹤的是納斯達克 ISE 全球網路資安指數，因此，從這裡你也可以認識國際股票市場的資安公司。

基本上，根據我國證券交易所的說明：

「納斯達克 ISE 全球網路資安指數係由納斯達克指數公司 (Nasdaq, Inc.) 編製及維護，成分股須為在全球交易所公開上市交易之普通股或存託憑證，並符合 ISE 網絡安全行業分類中，從事網絡安全業務之相關公司，最低流通市值 1 億美元以上，近三個月平均每日交易金額達 100 萬美金，不可是在對於外國資本有投資限制的國家交易所上市（如中國、Mexico、阿根廷等），需為網路安全的直接服務供應商並公開發行至少 90 個日曆日之個股，綜合反映全球網路資安產業的市場表現」
（資料來源：證券交易所）

那麼這個納斯達克 ISE 全球網路資安指數，有哪些成分股，是民眾可能會想知道的，你可以搜尋 ISE Cyber Security Index (^HXR)，就可以找到相關資安公司股票，例如 Cisco（CSCO）、FireEye（FEYE）、Check Point（CHKP）、Fingerprint Cards AB（FING-B.ST）、BAE

Systems（BA.L）、NortonLifeLock（NLOK），這些高市值的股票，此外還有：

Tufin Software（TUFN）、Mitek Systems（MITK）、Varonis Systems（VRNS）、Fortinet（FTNT）、Rapid7（RPD）、Ultra Electronics Holdings plc（ULE.L）、Tenable Holdings（TENB）、Verint Systems（VRNT）、FFRI Security（3692.T）、Thales S.A（HO.PA）、Atos SE（ATO.PA）、NetScout Systems（NTCT）、Radware（RDWR）、Splunk（SPLK）、Parsons Corporation（PSN）、A10 Networks（ATEN）、Mimecast Limited（MIME）、Fastly（FSLY）、Northrop Grumman Corporation（NOC）、OneSpan（OSPN）、Trend Micro Incorporated 5（4704.T）、BlackBerry Limited（BB.TO）、VMware（VMW）、Zscaler（ZS）等等。

當然，國際知名資安業者並不只於如此，從財經面只是從股票市場來看，從資安市場來看會更完整。因此，如果你要更全面瞭解資安公司有那些，這裡推薦 Cyber Security Landscape form Momentum，還有 iThome 臺灣資安市場地圖，這裡也彙整了在臺灣市場的資安業者。

18-5 或許你可以也瞭解專業資安技能

最後，這一章節談的其實面向很大，已經不只是讓民眾認識資安技術，還聊到產業，最後也簡單提一下資安專業技能好了。

畢竟，不只是資安產業，現在每個大型企業除了 IT 部門，也幾乎
都要成立資安部門，政府也是如此，而資安專業技能的需求自然也
不小，缺口很大。

因此，如果你對資安更有興趣，要走上資安的專業道路，要真正有
系統的學習資安人員專業技能，或許你可以從幾個面向去了解，例
如：

- 搞懂資訊安全概論，包括資安的概念與認知、資安的範圍與目
  標，以及基本的網路安全。
- 搞懂資訊安全威脅，包括資安威脅的目的、認識惡意程式，以
  及認識網路攻擊。
- 學習知識面：駭客攻擊與防範、基礎網路概論、網路基礎應
  用、電腦網路安全防護、資訊倫理與法律、資訊安全管理與標
  準。
- 資訊安全也可以細分不同領域，簡單舉例，包括密碼學、網路
  安全、網頁安全、逆向工程、程式安全、數位鑑識。
- 資安風險面、程序面、控制面與技術面：涵蓋資安架構、資安
  防護規畫與管理、資安偵測與應變、資安事件回應，以及資安
  稽核、資安內控、資安標準、資安認驗證。
- 資安法規制訂面、資安政策與執行也需要人才。
- 關鍵 CI 領域面：政府、能源、水資源、通訊傳播、交通、銀行
  與金融、高科技園區，以及軍事領域資安人才。
- 資安產品與服務研究開發面：涵蓋端點防護、端點偵測與回
  應、網路防火牆、DDoS 防護、網路分析與鑑識、進階威脅防
  護、網站安全、風險評估與弱點、WAF 與應用程式安全、應用

程式安全測試、安全託管服務、安全意識教育與訓練、加密、資料外洩防護、行動安全、滲透測試、容器安全、雲端安全、GCB、安全事件回應、NAC、防火牆管理、安全檔案分享、身分驗證、權限存取管理、識別與治理、安全協作自動應變 SOAR、訊息安全、SIEM、安全分析、威脅情資、DNS 安全、OT 安全，以及各式硬體安全。

- 安全開發與供應鏈面：SSDLC、DevSecOp、安全供應鏈。

19

從假冒電商來電詐騙事件
多想想相關風險

電商服務從 20 多年前應該就開始興起，這裡先聊聊早年自己在網路會員註冊，曾想過的問題。

記得早年，有印象是博客來的網路商店，註冊會員資料要身分證字號，當下我記得自己是有點想不透，為什麼他會要我的身分證字號？

有幾個念頭，像是：一、別的線上服務沒有這樣要求過，二、不是國家機關才會要我的身分證字號嗎？三、如果說金融機關可能我還不會那麼懷疑。四、以前盜帳號那麼普遍，身分證不就也有外洩機率？

後來雖然也沒仔細查過為何能這樣要求，但就是好奇，曾經想過，是不是他們為了系統資料整理方便，用身分證來當編號。

就自己的想法是，關於網路會員的問題，畢竟早年網路使用者多已習慣匿名制，加上早年就有些人就知道網路肉搜問題，何況早年系統保護概念少，帳號被盜情況就很多，所以約莫 20 年前，當時就有不少使用他人資料註冊現象。

當時的環境下，可能也反應了不少人對風險的認知，以及習慣於網路匿名的狀況，當然，這是早年的歷史背景，後來應該大多要求真實資料註冊等。

19-1 多注意警方公布高風險網路賣場名單

閒話聊完，談談關於電商詐騙的現況，其實前面章節在 ATM 使用相關風險，以及在談資料外洩時，就已經有提到部分。

近年來，刑事警察局與新聞也不斷宣導，「解除分期」詐騙的橫行，因此 165 反詐騙採取行動，每周都會公布民眾通報高風險網路賣場名單，也讓民眾知道要多加注意一下。

這些高風險網路賣場名單是什麼？簡單說，就是警方接獲民眾通報，存在疑似個資外洩的狀況。但因為電商本身沒有實際公布資料外洩，所以警方只用疑似來形容。

因此，大家也該多看新聞，如何注意：

一、不要聽信去 ATM 操作。
二、有盜刷事件，趕緊從正確管道找到銀行電話聯絡客服。

話說，網購平臺個資外洩事件不斷，那些小型電商基本上我是不敢用，只用大型的（雖然覺得國內大型的也只是稍微好，但就是多注意新聞）。現在國外平臺個資外洩都會發布公告，國內平臺大多數都是外洩卻不發公告！主要還是法規要強制。

但是，是否能要求所有電商都要能有一定的資安防護水準呢？記得聽過一番話，當對於業者有高的要求時，可能造就一種進入門檻，可能只有大型業者才有能力和資本來達到或符合要求，可能無形拒

絕許多新創中小企業的切入市場。無論如何，還是需要使用者自己
要有風險意識，自己要更加去注意。

話說，最近聽到**風險分配**一詞，商家與使用者都有各自的義務，大
家有興趣可以探究，這也說明了使用者自己也有該注意的層面。

▲ 針對國內網路購物詐騙橫行的問題，每週刑事警察局都會發布民眾通報高風險
網路賣場名單，同時也會製作一些宣傳圖片提醒民眾，提醒消費者需慎防詐騙。
（資料來源：擷取自內政部警政署 165 全民防詐網）

19-2 認識解除分期付款詐騙手法流程

對於解除分期這類詐騙手法，我們時常看到刑事警察局向民眾呼
籲：千騙萬騙，不離 ATM，聽到要操作 ATM 解除設定就是詐騙，
千萬別上當。

現在，我們還可以看到警方更多提醒，因為詐騙者除了騙消費者到 ATM 操作，也可能會騙消費者從網路銀行操作。

因此，現在消費者的安全意識必須要能持續，受騙者往往前面抱持懷疑，但後面卻被說服，更主動的作法，應該是先打給 165 反詐騙諮詢專線或真正的銀行來聯繫。

當然，其實聽到「解除分期付款設定」、「重複扣款」、「升級 VIP」，或者是「操作 ATM」、「購買遊戲點數」、「操作網路銀行」與「訂單錯誤」等關鍵字，就要警覺這非常可能是詐騙，另外也要知道來電顯示號碼會被竄改的可能性。

一、假冒網路購物平臺客服人員，致電消費者。佯稱因工作人員疏失，誤將先前訂單設成分期付款、團購或升等 VIP，因此將連續扣款。接下來，假客服聲稱將協助取消設定，請民眾提供任何一張提款卡背面之客服電話。

二、假冒銀行客服人員，致電消費者。之後消費者接到假冒銀行客服人員來電，而詐騙者已經竄改來電顯示成剛才民眾所提供的銀行客服電話，以取信消費者，並要求前往 ATM 操作以解除分期設定。

三、民眾誤信前往 ATM 操作。因歹徒明確告知先前網購的訂單資訊，導致民眾不疑有他而依指示操作，等到發現帳戶金額短少才發現自己遭到詐騙。

19-3 要知道來電顯示號碼有被竄改可能性

但到底有沒有資料外洩？就一些警方宣導案例來看，就是因為民眾真的有下訂單，而遭網路犯罪者假冒電商人員來電，因此，可以想像，可能是訂單資料在某一環節外洩，電商或物流，甚至使用者電腦受駭都有可能。

顯然，網路詐騙者可能利用電商資料外洩，再假冒電商客服人員來電、假冒銀行來電，誘騙使用者去 ATM 或網路銀行操作。

而在詐騙過程中，對於竄改來電顯示號碼的問題，這點我覺得是一般民眾現在更要知曉的一件事。民眾為何不是那麼清楚？由於一起事件問題點很多，我想普遍社會大眾媒體與網路數位科技媒體的報導，可能 20 家媒體報導這件事，只有少數報導會想到要強調此一問題。因此，有時對於新聞事件，可能要橫向多看更多資訊。

雖然大家都知道，陌生人的電話不要接，可能是詐騙，但如果民眾在檢查來電號碼時，一查真的是該電商平臺的電話，加上對方還知道你的訂單記錄，這使得有些人更容易失去警覺。

例如，在警方轉發的 165 反詐騙宣導資訊，曾經以一位 40 歲的陳姓女教師案例說明：

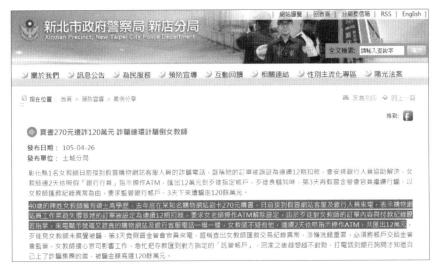

▲ 在警方轉發的 165 反詐騙宣導資訊，提及由於歹徒對女教師的訂單內容與付款紀錄瞭若指掌，來電顯示號碼又跟真的購物網站及銀行客服電話一模一樣，女教師不疑有他，連續 2 天依照指示操作 ATM，導致被騙 12 萬元。（資料來源：擷取自新北市政府警察局網站）

這當中，提到了對訂單內容與付款紀錄瞭若指掌，也就是詐騙集團有取得訂單資料，才會讓民眾一開始接到電話會誤信。

不只如此，接下來還提到了來電顯示號碼竟然與使用者上網查詢的結果是一模一樣。

這跟之前提到的寄件者電子郵件信箱會被偽造的問題一樣，如此一來，現在人應該要瞭解到，從表面的電子郵件的寄件者，以及表面的電信來電顯示號碼，似乎都不能當作容易識別真偽的絕對條件。（話說，近年企業資安觀念，還有零信任的議題可以探討，你可以多去瞭解這樣的議題。）

對於詐騙集團偽冒平臺、銀行客服來電號碼的問題，警方與電信能否防範？

這方面的問題，我也請教過刑事警察局，到底現在用戶應該如何注意是好？

我大概整理一下，首先，多年前，詐騙集團是可透過二類電信，利用一些手法，而偽造出一模一樣的來電顯示號碼，也就是與平臺及銀行相同的來電號碼，但這樣的漏洞已經防堵。

現在的偽冒方式，多是在來電號碼前段會顯示 +886 與 +02，而後段號碼可能與業者電話號碼完全一樣，或根本不同。

基本上，你周遭的朋友遇到這樣的情形，是否可能根本沒有查證是否為業者來電，就直接聽信對方的內容，沒有查證來電是否真的是聲稱之業者，是一個環節，有些民眾則對顯示 +886 與 +02 的來電號碼，出現鬆懈防備的心態，但其實在警方早已強力宣導，對方的號碼開頭若有「+」號，並勸你去 ATM 或網路銀行，執行解除分期付款等相關設定，此情形就有很高的機率是詐騙電話，這是另一個環節。

換句話說，身為一般民眾的你，接到陌生電話會不會想去查證是不是真的對方打來，是第一個警覺，看到警方或新聞宣導小心詐騙，有了這樣的情資之下，你應該會更有警覺。

當然，電信業與警方應該早有防範才是，但你或許可以更進一步去想，整體環境可能面臨著因應上的挑戰，像是如果詐騙集團又發現新的有效偽冒方式，因此自我的警覺更顯重要。

你是否想過，去 ATM 操作、網路銀行操作解除分期，是否根本不合理，通常情況你一定知道，但他們會用詐騙話術讓你信任他們是真的客服與銀行人員，讓你相信他們是專業，而忘記了這層不合理。

你是否想過安裝像是 Whoscall 這類來電過濾的 App，透過這類服務，先幫你過濾一層，讓你比較可以快速的識別騷擾號碼、商家號碼與使用者回報號碼，自己再來過濾。

你是否想過，最適當的方法，應該是自己去電求證。我在報導許多相關新聞報導時，或是商業電子郵件詐騙的報導中，最後都會強調要自己查詢正確的管道，再去求證的重要性，因為有很多詐騙手法，很可能是詐騙方提供一個聯絡管道，但其實是聯絡到詐騙集團同夥。

因此，**第二管道確認訊息就很重要，而且是要自己去確認**。例如，上述接到假冒電商人員來電，後來又接到假冒銀行人員來電，這時你除了自己去搜尋該公司的正確聯絡資訊，確認電話正確性，同時也要自行去電詢問。

當然，如果什麼都要這樣確認的確帶來了不方便，而第一次遭遇也難免亂了手腳，而大家都會有疏漏的時候，沒有人不會犯錯的。我想關鍵點應該先有對於這類情況的認知，遇到類似情況就要警覺有問題，就可以知道應採取的行動。

20

從出門在外認識公共 Wi-Fi
的風險

在撰寫 iT 邦幫忙鐵人賽這系列文章期間，剛好與家人一同出國去日本旅遊，也順勢聊到了免費公共 Wi-Fi 的風險問題。

過去行動網路沒有吃到飽，公共場所提供的免費 Wi-Fi，就成為便民服務相當重要的一環，而且對於出國旅遊者也有很大的幫助。

在國內，過去可能會連上零售服務業者提供的 Wi-Fi，不論是咖啡廳、餐廳等等，或是公共場合也有提供 Wi-Fi，像是連上機場、公車的 Wi-Fi 等等。

因為上網真的很需要，但是，後來看到許多新聞，也讓我注意到免費 Wi-Fi 的風險。

20-1 從綿羊牆來瞭解資訊安全

首先，免費 Wi-Fi 有兩層大家會聯想到的，一種是連線不用輸入密碼（無密碼），一種是不用付錢就能使用。

特別的是，你有沒有想過一個問題，關於這些無線網路 Wi-Fi 名稱，真的就是這家店提供的嗎？會不會是有駭客在店家附近提供一個名稱相像的 Wi-Fi 讓你來連呢？

這裡提一個綿羊牆的故事，以下是台灣社群 HITCON 的一項活動說明：

對駭客而言，資安觀念薄弱的人就是他們的「綿羊」，綿羊牆便是針對使用會場無線網路但沒做好加密、沒有連上 HTTPS 網站的綿羊網路使用者，將其被監聽到的帳號密碼以部分馬賽克方式，投射在這面牆上！綿羊牆的設立是為了提醒大家，一般沒加密的上網是不安全的，並且提示人們如何保護自己的網路活動不至於洩露機密及個人隱私、如何安全的使用網路等。

建議大家到現場使用 VPN 建立安全通道再上網，才能做好個人的資安防護，切記要修改本機電腦的預設閘道，否則就算撥接了 VPN 還是會被監聽到封包的喔！（資料來源：HITCON）

大致上是說，使用到駭客架設的無線網路，如果連上未加密碼的 HTTP 網站，駭客就能監控到你的帳號與密碼，因為你上網的網路流量是先經過無線路由器或無線基地台設備出去，傳輸的內容如果在傳送過程中沒有加密，很容易就可以被監聽到。這是為了讓大家知道有這樣的風險存在，因此告訴參與的人，到活動現場要使用 VPN 建立安全通道，也就是透過一個安全的傳輸通道，才不會被側錄。

這裡講的是傳輸過程的加密。不要想成其他的加密。

無論如何，先前也聊過 HTTP 與 HTTPS 的差異，如果這一層面連上 HTTP 網站，等於敏感資訊傳輸不受保護，又同時連到駭客的無線網路環境，這中間就有被竊聽的風險。

▌20-2 多認識其他 Wi-Fi 安全問題

此外，從風險角度來看，除了當心連到駭客架設的無線網路，我還想到的是，提供無線網路 Wi-Fi 的店家到底安全不安全，他們如果都沒有管好自己的無線設備，會不會就被駭客控制來利用。

另一方面，我也曾經想到，是否有 SSID 假冒同名的風險，就是如果自己曾經連過一個 Wi-Fi 的 SSID 名稱是 Coffeeshop，如果有他人也設一個 SSID 同名，而且密碼也設定一樣（因為店家本身通常就會公布），那麼，自己的電腦是否會自動連上同一個 SSID，手機端不會驗證 SSID 是不是同個無線 AP、Mac Address 嗎？還是只會有無限 AP 去認電腦手機的 Mac Address？

曾經也聽過有人建議，連過公共 Wi-Fi 後，記得清除密碼，回想起來，可能就是與這個問題有關。

對於這樣的問題，我看過一篇網路文章，或許可以讓你我也能得到一些答案。這篇由 DuckLL 撰寫的「看我如何得到 iTaiwan 帳號密碼」的文章，有興趣的人推薦可以深入一看（因為是部落格文章，大家可自行 Google 引號內文），瞭解到如果有人假冒同一個 SSID，裝置會自動連線的問題，裡面也有詳細的技術分享，雖然漏洞早已回報修補，但該文作者也是建議不要使用公共 Wi-Fi。

所幸，現在手機上網吃到飽的資費是越來越低，每月 100 多塊就有，Wi-Fi 安全的問題現在也就越少關注，通常只會連信任的無線網路，譬如家中或公司。至於出國旅遊，雖然電信業者有漫遊方案，是比較方便，但資費也因此較貴，若不嫌麻煩的話，其實現

在國內也有很多管道買到國外電信 SIM 卡，而不像早前多是租借 Wi-Fi 分享器。

20-3 從認識 Wi-Fi 安全到使用 VPN 安全

先前在談公共 Wi-Fi 駭客可能假冒同名 SSID 的問題，也談到綿羊牆的活動，提醒大家注意沒加密的上網不夠安全，建議大家**使用 VPN 建立安全通道再上網**，才能做到個人連線的安全。

企業有企業用的 VPN，個人用則不同，對於許多一般民眾而言，對於 VPN 的認知，可能多是從臺灣下載 LINE 在日本地區才提供的免費貼圖，或是跨區看影片時，才會用到的工具。

基本上，用比喻的方式，VPN 就如同一條私人的隧道，因此資訊傳送時不會被外面看到，因此可以在使用公共網路時保護自己，也可以增加隱私安全性，避免被蒐集個人資料。

但是，使用的個人 VPN 服務是否安全，諸位可曾想過？市面上是否也有不安全的 VPN 服務，打著免費 VPN 的旗號，卻私下洩漏用戶真實 IP 位址，甚至姓名、Email、付款資訊等。這樣的問題，一般民眾同樣是需要認識這樣的風險。

以為，但也要想想這樣的服務夠不夠安全。這樣的道理，不只是 VPN，其他服務也都適用。

此外，在 2019 年寫這篇文章時，當時剛好看到 Cloudflare 在其 1.1.1.1 的自家 DNS 與 App，將內建的 VPN 服務 WARP 釋出。

基本上，由這個「1.1.1.1: Faster & Safer Internet」App，能讓使用者手機裝置上網時改用 1.1.1.1 作為 DNS。

從 Cloudflare 的介面上，可以看到 WARP 服務具有免費版，啟用搭載 WARP 的 1.1.1.1，可讓使用者在瀏覽網際網路時更有保障。

對於在公共場所使用網路需要安全連線的使用者，這個就有幫助，不過要注意的是，查了一下，這個 App 中的 WAPR 服務，與一般 VPN 不太一樣，主要是保障用戶的流量在傳輸過程中的安全，不會被窺探。但沒有針對目標網站隱藏用戶的 IP 位址。

當然 VPN 相關服務不僅於此，過去市面上也有大家可能熟悉的 NordVPN，較特別的是，其實看到防毒業者也有提供 VPN 服務的趨勢，並整合一些安全防護相關機制，例如，F-Secure Freedome、卡巴斯基 Secure Connection，以及諾頓 Secure VPN，使用者在瞭解這些個人用的 VPN 服務時，也可以留意，至於企業則有企業版的 VPN 產品。

21

. . . .

年紀與職位，聊聊長輩學資安

這一篇內容也與筆者在日本旅遊期間有關，因為當時剛好有一個新聞受到熱議，就是報導指出日本資安大臣說是從沒用過電腦，而引起眾人訕笑。

雖然一堆嘲諷，但我覺得大家都想錯一點，這其實很真實，我們這個年代就是這樣。

多數人沒有換位思考，不在那個職位、那個年紀。

事實上，這樣的情形在各國，更多公家機關、政府、甚至企業可能都有，不同國家可能有多跟有少的差別而已。

一般人應該都有經驗，我覺得 60 歲到 100 歲的長輩，電腦網路學習能力較慢相信大家都有遇過，當然，我認為，這也跟過去他們的奮鬥的年代就不是網路時代，或是工作上沒有需要有關。

21-1 大家都教過父母使用手機吧！？

這也讓筆者想起教父母使用手機、電腦的情形。光是教使用就不容易，有些則是一講再講，真的心很累，有興趣的長輩在使用上學習則是很不錯，但要多教一些資安方面，還是有很多太細的地方要解釋，難度不小，需要花時間慢慢來。

其實政府該開課程來教導民眾，自己光想想哪些東西適合讓長輩學習，我還真的很頭大，不過，看到教育部是有推出全民資安素養網（isafe.moe.edu.tw），是有提供一些很基本的內容給學生瞭解與認識。

對於長輩，過去就是盡量叫他們都不要亂點不要亂開，詐騙新聞看多的還算知道，懂得概念，但真要如何細部分辨就算了，但有些就是不解釋了，只要他們照做就是，因為他們還是問同樣問題，不過，為人子女就是這樣，

第一、耐心教導是必要的。第二、盡量幫助規避風險。像是手機不給綁信用卡之類，自己部份信用卡也會跟銀行設定上限，以降低風險。

至於年紀大的政府官員，日本大臣的回答其實就是現代社會縮影，一般人或許不在公職上班不清楚，實際有跑過公部門的人應該知道，長官的秘書有多少!? 一些企業也同樣配有祕書。有多少主管、老闆、長官的電腦密碼，其實都是交由秘書來負責處理。或許這樣的問題，有些人沒實際接觸到這個層面，可能不知道，但實際狀況就是如此。

換言之，這其實就是職位與年紀的問題，雖然能熟 3C 資訊的一定也有，但就是比例可能不高。

從日本資安大臣以及諸多事件來看，提升全民資安水準是需要，不過我覺得第一步從學童、上位者的觀念提升做起。不知道大家有什麼想法呢？

21-2 現在的環境就是新舊資安觀念並存，因此大家更該注意新的資訊

這一篇是沒有太多結論，但有幾個概念我想表達，像是「時間」這個參數，我認為很容易被大家忽略，帶來訊息不對稱。

舉個例子，像是 10 年前、5 年前會說 iOS 比 Android 的安全性要高，幾乎很多人都認同，我也覺得，但 10 年後，看到 Android 攻擊程式價格首度超過 iOS 的新聞，雖然並不代表情況會相反，但畢竟看多了股票線型圖，產業低谷高原期的圖，總是要注意風向可能會有變化。

而且，很多人講的一套到底多是「新」的資訊，對不熟的人，還要解釋說明這些轉變讓對方理解為何如此，更是不容易。

還有，像是之前提到的密碼設定問題，以前要求大小寫英數符號變化，之前提到這樣的說法又有點過時，現在已經在強調密碼長度，還有雙因素驗證以及實體安全金鑰等。但你也可以想想，整個環境都是慢慢在改變，並不是有人提出最新最好，也是要大家慢慢去做以及認同。

此外，資安還要考慮每個人可承擔風險的問題，在每個議題上更不容易說明，大家的風險承受範圍也可能不太一樣。

22

淺談加密、加密、加密

在前面許多章節中，已經聊到很多加密，例如在電腦上的安全防護，先前幾篇談過 TPM，透過硬體晶片來處理以達到更高的安全防護，更早一篇其實也談過加密被濫用的問題，就是勒索軟體透過加密來進行網路犯罪，還有先前無線網路加密。這次就來聊聊加密。

在生活中，大家應該都對「加密」一詞不陌生，但各種加密所指在不同面向其實有些差異，由於範圍廣，這次就淺談之。

> 例如，以維基百科中針對密碼學的「加密」（英語：Encryption）一詞：
>
> 是將明文資訊改變為難以讀取的密文內容，使之不可讀的過程。只有擁有解密方法的物件，經由解密過程，才能將密文還原為正常可讀的內容。
>
> 文中也提到加密作為通訊保密的手段已經存在了幾個世紀。

22-1 不同加密對象的加密

加密的對象其實分了很多種，這裡簡單聊一下，隨便舉幾個例子

針對檔案作加密，保護檔案

針對流量作加密，保護傳輸過程

針對磁區或虛擬磁區做加密，保護既定範圍的檔案

還有企業級文件安全控管、E-DRM、透明加解密、軟硬體加解密，對稱式加密，非對稱式加密等技術名詞。

對於一般人來說，普遍熟知的應該是生活常用、打包成壓縮檔時的檔案加密，**像是 WinRAR、7zip 可以設定密碼保護**，讓收到檔案的人，透過密碼輸入，驗證後就能解開檔案。

而在微軟 Office 上也很常見，像是 Excel 上可以設定用密碼保護，這個大家應該也知道吧！

當然，這裡又可以談另一個可能引發的風險，就是如果將檔案分享給他人的需求時，像是透過 Email，然後密碼也寫在信中，這樣寄錯人的話，加密是否還有意義？因此，將檔案與密碼從不同管道傳送也很重要。

在加密之外，在**檔案分享應用上也有身分權限管控**的方式，像是 Google Drive、Dropbox 等雲端服務上，就有這樣的機制。

前面幾篇也提到公共 Wi-Fi 安全，因此建議不要登入沒有 HTTPS 加密傳輸的網站服務，而 TLS 是目前瀏覽器業者極力推廣的 HTTPS 加密傳輸，而其安全也有程度之別，像是什麼 TLS 1.0、TLS 1.2，以及 2018 年通過的 TLS 1.3。

或是建議使用 VPN，而 VPN 就是一種利用 Tunneling 技術、加解密等安全技術，在 Internet 上建構出虛擬的私有網路（Private Network），以達到私有網路的安全與便利性。還有像是 SSL VPN，而 SSL 是一種廣泛運用在網際網路上的資料加密協定。

22-2 認識加密隨身碟的差異

前面閒聊了加密，接下來聊聊加密隨身碟，雖然現在雲端檔案服務盛行，檔案分享更便利，不過隨身碟的使用仍是常見。

這種輕巧的儲存媒介，有許多廠商推出了加密型的隨身碟，就是為了讓個人使用者，或是企業，能夠好好保管其中的資料，才不會一掉就被他人存取其中的內容，不過大家可能沒注意的是，加密的形式也有很大差異。這裡就稍微介紹一下。

例如，市售產品有分硬體式與軟體式加密，在網路商店也可以看到加密隨身碟與指紋隨身碟的產品。

值得注意的是，像是有在 USB 內提供軟體的形式，也有提供掛載虛擬加密磁碟的方式，也有全硬體加密的方式，還有就是雙重儲存區的設計（加密區與公共區），甚至，還有具有實體按鍵的加密隨身碟，讓密碼輸入動作可以不透過電腦進行。其實，後續還有不少演變。

其中 Enova 的 Enigma 加密器令我印象深刻，一種中介裝置，可對各磁碟檔案加密，而且能指定部分檔案加密。

內建數字鍵的金士頓加密隨身碟，同樣也很吸睛，因為它採全硬碟加密又有實體按鍵的設計，也就是隨身碟上具有 1-0 的實體按鍵，也是相當特別，還有幫助記憶的標號。

此外，不少人可能用過 SanDisk 的隨身碟，該公司提供 SecureAccess Manager 就是軟體形式，接上電腦會安裝軟體。

另外，還有像是創見的 Jetflash 是具有雙重儲存區的 USB 加密隨身碟。

 路上的 USB 隨身碟不要撿來用！

附帶一提的是，過去曾提醒的 USB 隨身碟安全問題，像是在停車場撿到一個隨身碟，能不能拿來用呢？

你會想到裡面有什麼他人重要資料自己想要一窺究竟？還是自己是否曾經想過，這個隨身碟是否有惡意病毒等威脅，是不是他人蓄意遺棄？可能是社交工程手法的一種？還是你已經能夠考慮安全，知道不要撿來用，或是要用前會先想到要以一臺隔離、乾淨的系統來安全讀取。

22-3 從加密認識密碼學

進一步探究加密（Encrypt）的過程，大家可以先建立簡單的觀念，前面提到，「加密」主要就是將明文資訊，改變為難以讀取的密文內容，而中間的過程，其實就是透過加密演算法／加密金鑰來實現。

而加密演算法又是什麼？基本而言，加密演算法是建立在特定數學難題之上，而加密跟解密必須要有金鑰才能進行。

基本上，普遍加密演算法分為兩大類型，一是屬於對稱式密碼，常聽到的 AES 加密演算法就是屬於這類。

另一是公開金鑰密碼，也就是非對稱式密碼。這一類有熟知的 RSA、ECC 等，而數位簽章演算法也是屬於公開金鑰密碼的一種，不過用法不同，用於確保資料的完整性、真實性與不可否認性。

特別一提的是，公開金鑰密碼將有新的演算法，會取代現有 RSA、ECC 等，這是因為要應對未來量子電腦破密威脅，一個後量子密碼學（PQC）標準競賽正進行，在 2022 年已有候選者出爐，預計 2024 年標準制訂完成。

另外可以留意的是，不要將編碼（Encode）、雜湊（Hash），與加密混為一談，三者雖然都是密碼學中常見，但有其差異。

基本上，編碼演算法並不是加密，以大家看電影時都很熟知的摩斯密碼為例，摩斯密碼這樣的字元編碼，其實只是把資料換個模樣來表達，乍看之下資料真得變得不一樣，但是，只要我們知道了轉換的規則，就可以很容易的反推，所以編碼並不具安全性。

至於雜湊演算法，也在資安技術上有重要的角色，用於確保資料完整性，也就是可以確保資料沒有被他人修改過，可與數位簽章一起使用。當然，密碼學亦是博大精深的領域，這裡就只有較簡略的說明，有興趣的人可以更深入瞭解。

大家或許還可以認識一些不同的概念，像是加密演算法有強弱之別，很多軟體開發人員會要注意，像是符合法規要求使用達基本安全要求的演算法。對於普遍民眾而言，就不提太多底層的加密演算法，這裡給大家提供一些認知，讓大家知道風險問題。

FAQ

問題：為何我們要關注網站是否為 HTTPS ？

答：因為 HTTPS 的網站是有加密過，相對沒有加密的 HTTP 網站安全。也就是說，在 HTTP 網站上傳輸的資料是完全保護措施，一旦在網站上輸入資料、傳輸至網站伺服器的資料個人基本資料、銀行帳號、密碼等重要的個人資料，就容易被有心人士攔截。

其實 Wi-Fi 是否加密，也是有類似的道理存在，但作用在不同層面。

問題：為何大家會關注通訊軟體是否具備 E2EE（End-to-End Encrypted）全程加密？

答：E2EE 指的是加密訊息本身，並且只在使用者端解密，因此當訊息從用戶端轉移至伺服器，再從伺服器轉移到另一用戶端時，與 TLS 類似的安全解決方案，能防止潛在的竊聽與攔截，包括：身為雲端服務商的通訊軟體業者，以及網際網路服務供應商。

但要注意，近年有廠商根本沒有實作 E2EE 的狀況，被研究人員發現揭露後引發關注。

像是雲端視訊服務商 Zoom 在 2020 年被發現，該公司宣稱提供 E2EE，但實際上未達業界定義，僅在使用者端到 Zoom 伺服器之間加密，這表示 Zoom 伺服器亦有解密能力，後續才開始真正要實作。

還有就是要注意各業者實作範圍不同的問題，像是 E2EE 是只有提供在訊息，還是有達到視訊、多人的不同情境面向。

P.S. E2EE 我們會翻成全程加密，意思較完整，坊間有直翻是端到端加密。

問題：為何有些資安宣導，會要大家傳送敏感資料時，將檔案 ZIP 加密保護？

答：基本上，ZIP 是一種壓縮檔案格式，所謂 ZIP 密碼加密，是將 ZIP 壓縮檔加密保護的方式，只有知道密碼的人才能解開壓縮檔，存取其中的文件。

在透過電子郵件或不同管道將 ZIP 加密檔案傳送給對方，將可保護資料不被他人攔截時直接取得。但是，但是，這種保護方式早年即盛行，現在也因為很方便，大家可能還是會使用，但現在使用上其實有要注意的面向，才能真正安全。

首先，又是密碼設定安全問題，早年電腦效能差，現在電腦效能高，離線暴力破解成本低，且解壓縮軟體沒有嘗試錯誤次數鎖定限制，因此，密碼夠長與複雜度高才更安全。

再來，如何交付密碼給對方，你要想想，如果以傳送檔案的管道將密碼通知對方，是不是不太合理，應該使用第二管道將密碼告訴對方，像是直接電話通知對方是更有保障。

當然，現在大家可能更常用雲端硬碟的檔案分享方式，但也要注意權限控管的設定，像是知道連結的人都可以存取？還是設定只有哪個帳號的人可以存取？甚至設定檔案開放期限，避免自己忘記將分享連結關閉。

23

從新聞看資安學資安

過去大家可能看到很多資安方面的新聞，最常可能是從社會新聞看到資安事件，而專業 IT 雜誌的資安新聞會有哪些類型？

簡單來說，主要是著重企業與產業的事件、動態與發展，但個人層面同樣也會牽扯到。自己簡單的稍微列舉一下：

（一）攻擊與威脅

首先大家聯想到的，應該就是攻擊與威脅的事件發生，主要也就是國內外的資安事件報導。

譬如說，哪個企業組織遭駭客入侵，哪個企業組織被 DDoS 攻擊，哪個企業組織遭勒索軟體攻擊與資料被竊，哪個企業組織發生資料外洩、個資外洩等，以及事件的後續追蹤報導等。

再來是，攻擊與威脅的事件調查，也就是資安事件調查報告公開的報導。基本上，有些是企業自己揭露，有些則是執法單位的揭露。這方面以國外揭露的多，對於資安技術人員或業界來說，能獲得比較多的參考資訊，而國內揭露的少。或是，針對資安事件提出見解的報導。

而更進一步的專題或技術報導，就是資安事件／威脅現況，與對應防護策略的報導。

除了上述的資安事件報導，其實，還有許多來自資安業者、資安研究人員，或國家級資安機構、非營利資安組織的發現，因此有攻擊與威脅的研究的報導，這裡又可以分層諸多層面，包括，駭客攻擊活動發現與研究與分析的報導，以及駭客攻擊入侵手法解析的報導、駭客攻擊惡意程式解析的報導。

另外，還有新興資安威脅議題的報導，這方面同樣也很廣泛，舉例來說，若以細一點技術層面而言，有合法工具被濫用的威脅、配置不當引發的風險、圖片檔案格式暗藏惡意程式的威脅。

若以大層面的議題而言，像是雲端安全、物聯網安全、軟體供應鏈安全、開源軟體安全、AI 演算法安全，以及量子電腦破解公鑰密碼系統的資訊安全議題，使用新的數學難題設計新的加密演算法的資訊安全議題。

（二）漏洞與修補

漏洞與修補的資安新聞，同樣不少，包括被駭客先發現利用、資安業者調查才發現、揭露與通報的零時差漏洞的新聞。

而更普遍的是，廠商發布產品安全性公告或緩解方式的新聞，以及資安研究人員揭露漏洞細節的新聞。以前者而言，若是企業沒有良好的自動化修補管理解決方案，或有賴資安監控服務業者提供，看新聞已經算是後知後覺，但總比不知不覺好；以後者而言，漏洞細節揭露雖然會讓攻擊者更容易利用漏洞，但在修補已釋出的情形下，衝擊已是大幅減少。

但是，還是有沒有修補的狀況，因此，還會有很多修補狀況揭露或相關攻擊事件的後續消息報導。

（三）資安防禦

除了先前提到，會有針對資安事件／威脅現況，與對應防護策略的綜合報導。或是，針對漏洞的修補或緩解的綜合報導。

還有很多介紹資安防禦的報導內容，例如：介紹新興企業安全防護策略、觀念或工具的報導，提供企業推動與落實資安的實務經驗報導。

再來還有像是國際資訊安全標準概況的報導，全球與國內資安法令遵循的報導。

同時，還會有產品面的資訊，例如，產品資安功能機制的報導，資安產品功能面或技術面的報導，資安解決方案的報導。

然後是資安產業發展動向的報導，甚至還有資安人才議題的報導，推動資安產業等議題的報導，以及推動產業落實資安議題的報導。

當然，再將資訊安全議題用更廣的角度去看，還有涉及隱私議題，甚至延伸到假資訊的議題。

這些新聞有哪些受眾對象？

簡單來說，受眾的對象有很多種，例如，一般企業會想關注資安威脅的態勢，或是新的資安防禦觀念，資安研究人員還會多想了解技術細節。

而且，對於各領域的人而言，也能注意到自身產業相關的資安消息，這也意味著，資安的新聞是遍及各個領域，就像高科技業、金融業、醫療業、服務業等，也就是所有在每個產業工作的人。甚至，新聞本身的內容，有許多也都牽扯到與個人資安警覺相關。事實上，書中前面已經提到很多例子。

舉例來說，先從社會類的資安相關新聞談起，在本書第 2-3 章節中，提到一則新聞，是警方接獲民眾通報有 ATM 提款機的卡片插入口，遭不民人士安裝測錄器。

在這則新聞中，不僅是金融業要注意有此狀況，內政部及執法單位要注意此社會問題，對於個人而言，等於也是讓大家要知道這樣的威脅型態。

雖然這樣的新聞可能多以社會問題而論，但事實上，也真的是有民眾警覺到異常而通報，但如果從資安角度去切入報導，或許也能引伸出：資安威脅需要大家共同來聯防，有了民眾及早通報，才不會讓受害者持續出現。

再從企業 IT 雜誌的資安新聞來看，可不要以為這些資安新聞都與自己無關。

例如本書第 4-4 章節中提到有許多瀏覽器與網站服務強化帳密安全措施的新聞消息，或許這與產業趨勢相關，而這些工具與服務也都是其用戶在使用，而這些用戶也就是一般民眾。因此，是否能夠注意到或反思之前不夠安全的問題。

還有前面章節提到，科技大廠發布手機平臺的安全性公告的新聞，甚至可能修補了已被駭客發現並利用於攻擊的零時差漏洞，儘管這是漏洞修補的消息，但對於民眾而言，不只是知道有這樣的風險，以及廠商會持續修補漏洞。

再進一步去想，也就是注意自己手上是否有產品受影響，以及產品業者是否後續有將該修補釋出。這裡簡單舉出兩例，還有許多例子存在。

甚至，最近幾年，你可以看到有許多資安業者揭露攻擊事件的調查中，提到駭客組織進行一連串的入侵與滲透中，許多事件的攻擊一開始，都是藉由釣魚郵件來入侵。而收到釣魚電子郵件的就是「人」，可能是每個人。

甚至，像是看到諸多關於 DDoS 攻擊事件的新聞，在第 9-2 章中也有相關介紹，你知道發動這些攻擊的背後，駭客是控制了哪些設備嗎？這些設備屬於誰的？當家用網路設備被控制成為駭客攻擊的幫兇時，你是否曾注意過這樣的問題？當然，一般人可能根本不會發現，但實際上，這些資安問題也是與個人息息相關。

23-1 有哪些資安新聞可以學到更多資安觀念？

大家看資安新聞時，可能對於網路攻擊者的型態有哪些感到好奇，記得在一場演講中，時任行政院資安處處長簡宏偉做出相當淺顯易懂的介紹，他指出，攻擊者型態，可以分：組織型網路攻擊者，以及非組織型的網路攻擊者（如同小偷一般）。而組織型又可分兩類，一種是有政治目的的國家級駭客組織（如同軍隊一般），一種是有經濟利益的駭客組織（如同黑幫一般）。

基本上，政府主要會聚焦在組織型的攻擊，會協助處理，而針對個人的威脅，政府也會關注，但我們自己同樣要做好防護。

因此，除了瞭解很多資安新聞其實也與個人息息相關，多關注一些國家資安政策、企業資安事件、資安防禦觀念的報導，也能更瞭解整個國家、產業發展，以及企業都在強化資安的趨勢，以及新興威脅不斷出現的態勢，或是舊有問題並未解決的現況。

當然，其中一些部分，對於個人的資安認知也有幫助。

不僅是體認到備份的重要性，安全性更新的重要性，以及帳號安全的重要性，安全密碼設定的重要性。

還有，知道要強化資安意識，可疑文件與連結不能點，甚至是認識最小權限原則，知道限縮受攻擊表面，這不僅企業防護適用，像是自己的網路帳號不在公用電腦登入，不連接公共 Wi-Fi，不從非官方市集下載 App，不從非官方網站下載應用程式，其實也是基於類似的道理。

此外，這裡也從我過去進行或參與的專題封面報導中，挑出一些比較通泛、較為重要的內容，共 15 則，讓你可以對整體的資安觀念，能有更多的認識。

不過，在本書中也就只做簡單的說明，關於詳細的內容，大家可以搜尋下列新聞標題或網址，自行前往閱讀，相信會有不少收穫，建議大家可以一篇一篇去讀，或是每天閱讀個一篇，也不會太累，也是不錯的方式。

看資安新聞學資安觀念	
臺灣資安即國安戰略意涵大公開，推動資安不只是政府的事（2021-12-17）	資安是全民的事，從前行政院資通安全處處長的演說中，讓大家可以更深入理解，政府是如何看待資安威脅的問題，並且何以與國安有關，當中不僅可以幫助大家建立資安相關背景認知的輪廓，也提到資安並不是要無限上綱的觀念。
https://www.ithome.com.tw/news/148415	
NIST CSF 網路安全框架當紅，靈活彈性易上手（2019-09-26）	資安不是只有從防護著手、避免駭客入侵，從網路安全風險管理的生命週期來看，美國 NIST 分為五大階段：識別、保護、偵測、回應與復原，同時資安成熟度的概念也相當重要
https://www.ithome.com.tw/article/133173	
從防疫學防駭（2020-07-25）	從借鏡防疫上與防駭上的共通概念，讓一般人對資安防護更有感，體認到每個人都是破口。從情資重要性、情資查核、敵我意識、疫情中心與應變團隊、傳染病防治法與資安防駭準則、每日記者會與溝通、勤洗手戴口罩與資安衛生習慣、防疫國家隊與資安產業、簡訊細胞與情資分享，到疫調不獵巫與看待資安的正向態度。
https://www.ithome.com.tw/article/138913	
肆虐升溫，勒索軟體災情擴大的 7 項原因（2016-07-23）	為什麼勒索軟體威脅持續橫行之今，不只讓原本用於保護資料的技術，變成駭客要脅利用的手法，虛擬加密貨幣的興起，其高匿蹤性連帶也讓黑色產業在有利可圖的驅動下而活躍。
https://www.ithome.com.tw/news/107150	
防護釣魚郵件成為資安當務之急（2018-01-21）	透過電子郵件管道的網路威脅存在多年，儘管防護功能不斷演進，但釣魚郵件也在進化，2018 年時又有愈來愈多網路攻擊以此做為開端，因此提醒企業與民眾，須重新認識釣魚郵件威脅，並揭露最新網路犯罪使用的釣魚詐騙手法
https://www.ithome.com.tw/article/117070	

看資安新聞學資安觀念	
化被動為主動，企業開始懸賞抓漏 （2018-09-29）	漏洞的產生是不可避免的，發布漏洞獎勵計畫（Bug Bounty），藉助全球駭客之力已是全球大型企業都在做的事，因為可以讓自己的資安做得更好，但也要認知到現況，可能不是每家企業對於漏洞通報的觀念都處於正面。
https://www.ithome.com.tw/article/126023	
回收紙的大問題，紙本文件控管與銷毀 （2011-09-09）	機密資料保護從很多年就是企業重視的問題，但也有不經意的舉動，呈現出控管不當的問題，像是回收紙引發的關注中，其實也反應出機密資料分級、資料生命週期等、安全銷毀等議題。
https://www.ithome.com.tw/article/91142	
聯網安全管理瀕臨失控，威脅事件頻傳 （2017-05-27）	在網路威脅與日俱增下，各式連網設備都存在被利用或濫用，或成為跳板的可能性，以學校印表機遭他人擅自印出帶有威脅內容的文字為例，這種顯性的威脅其實都是警訊，與網站內容置換、廣告看板內容置換相同，還有更多不易直接察覺遭入侵的威脅。
https://www.ithome.com.tw/article/114125	
美國升起資安防護罩 （2022-04-02）	資安威脅加劇之下，已成全球重大風險，不指臺灣推動資安即國安，其實全球也都是如此，美國白宮不僅要求聯邦組織機構，並在 2022 年 3 月發布公告，要求企業、關鍵基礎設施業者積極提升防護力，並頒布了一份全國資安防護指引計畫 Shields Up，當中有針對企業的通用指引，給企業高階主管的建議，還有勒索軟體應變，以及個人與家庭的自保資安觀念。
https://www.ithome.com.tw/article/150240	

看資安新聞學資安觀念	
2019 國家級資安事件：勒索軟體侵襲臺灣醫院（2019-11-14）	徹底揭露 2019 年臺灣全臺多家醫療院所遭勒索軟體的攻擊事件，同時也從院方的實際經驗，讓大家清楚有些醫院為何被感染了卻能快速復原，以及有些醫院為何能成功擋下勒索病毒，讓大家更具體認識如何處理類似事件。
https://www.ithome.com.tw/article/134112	
調查局首度揭露國內政府委外廠商成資安破口的現況，近期至少 10 公家單位與 4 資訊服務供應商遇害（2020-08-19）	儘管揭露駭客的攻擊手法，會讓對方更有防備，但調查局發現中國駭客的 APT 攻擊行動，已導致國內 10 個政府單位，以及 4 家資訊服務供應商都受到攻擊，因此他們公開發出警示，以更積極的方式來面對資安威脅，希望避免這波攻擊有更多受害者出現，同時也藉由揭露攻擊手法，呼籲尚未遭受攻擊的單位與業者，都能以此為鑑。
https://www.ithome.com.tw/news/139504	
圖書館 LED 燈控制器的 IP 位址成攻擊跳板，法務部調查局與資安業者合力破獲（2020-04-22）	解決殭屍網路等網路犯罪問題，需要資安業者與國際執法單位共同合作，我國法務部調查局也協同參與打擊，過程中並發現隸屬公家單位，交由資訊公司管理的 LED 控制系統主機，淪為攻擊跳板。之後，再同時與國際聯手執行剿清行動，掃蕩 Necurs 殭屍網路。
https://www.ithome.com.tw/news/137154	
假冒銀行釣魚簡訊詐騙規模擴大，繼國泰世華、台新銀行後，中國信託今日也出現遭冒名的狀況，金融業者與民眾可千萬注意（2021-02-09）	在 2021 年春節前夕，國內多家金融機關與刑事警察局都發出慎防釣魚網站及簡訊的警告，因為有網路犯罪集團接連假冒銀行名義，發送大量釣魚簡訊，目的是誤導民眾至偽裝金融網銀的釣魚網站，騙取用戶帳號、密碼，以及用戶所收到從銀行發出、綁定信任裝置所需的 OTP 碼，藉此將民眾網銀帳戶非法綁定至歹徒持有手機裝置，進而盜轉民眾錢財。
https://www.ithome.com.tw/news/142711	

看資安新聞學資安觀念	
【展望後疫 2022 新趨勢 10】產業法令開始納入資安要求，供應鏈與身分冒用威脅加劇（2021-12-30）	資安議題非常多，在 2022 年有哪些重要趨勢值得關注？這裡整理了一些近期變化較顯著的發展，像是隨著政府推動政府與關鍵 CI 落實資安，現在也推展到各產業要落實資安，此外還有物聯網安全的發展趨勢，而軟體供應鏈與委外供應鏈安全的發展更是顯著，此外還有身分冒用的威脅大增需要留意。
https://www.ithome.com.tw/news/148649	

除了上述 15 則的報導內容，最優先推薦給大家閱讀，若是你想要接觸更多企業資安內容，可以直接前往 iThome 網站上的資安新聞（https://www.ithome.com.tw/security），或 是 iThome Security 臉 書 粉絲專頁（https://www.facebook.com/ithomecyber），又或是透過各式國內外新聞媒體、資安公司部落格，來瀏覽多元的資安新聞與議題。

或是，建議你可以閱讀每年度的「iThome 臺灣資安年鑑」，當中會將上一年重要資安議題集結，你可以從 2016 年每一年去看，易於了解這幾年的資安防護重要趨勢與變化，或是參與臺灣資安大會就能免費領取到該年度的臺灣資安年鑑。

23-2 從時間剖面看資安

本書介紹了許多從生活上認識資安風險的內容，不過，這裡也從時間剖面的角度，讓你想像一下，20 多年前的電腦效能、網路方便程度，跟現在的電腦效能變得多強大，網路變得多方便，而伴隨而

來的資安威脅與風險，也從過去威脅小且簡單，變得如今威脅大又複雜。

資訊產業都在關注資安，除了會有新的威脅，要知道環境並不會一下就改變

電腦技術、網路技術興起，
普遍考量穩定運作，減少Bug的問題
一些環節並未顧及資安，或隨威脅出現才去注意

現在還要面對工控、IoT等安全面向
甚至面對未來車聯網、AI發展的威脅

早期：電腦剛網路剛興起的時代	最近十年：手機、雲端普及的時代	現在與未來：萬物聯網的時代

現在這個時代，威脅變化多，開始因應更全面的網路世界，
大企業開始推動程式安全開發、漏洞安全修補等觀念

▲ 資安威脅從早期不夠關注，到現在變正要積極應對

資訊科技發展快速，網路威脅也隨之與日俱增，近年資安問題持續對國家、社會、企業帶來造成嚴峻考驗，並且更為嚴重。

儘管每個人經歷不同，不一定都很早對電腦、網路產生興趣，但認識到資安風險，也是先後早晚的問題。

自電腦、網路發展以來，對於資安威脅的變化，大家或許可能先想像一個時間軸，早年，資安問題其實一直都存在，從電腦、網路剛開始興盛之際，資訊與網路帶來了方便性，但資安風險問題也同時伴隨而來。

因此，像是筆者早年玩著 5 又 1/2 磁片的遊戲，再到撥接上網、玩 BBS、灌爆同學電子郵件信箱的時代，當時最普遍遇到的就是電腦病毒、重灌電腦、備份等問題，當時也就注意到一些相應而來的資安風險問題。

當然，對於這些伴隨而來的資安問題，不只是個人會注意到，政府也同樣重視。

畢竟，全球政府在數位化時代邁進之下，很多紙本文件、流程都要電子化，還有通資訊基礎建設安全的議題，舉例來說，臺灣政府在 2000 年就已關注，推動政府資通訊安全相關政策，少數企業在營運風險的考量之下，也很早就將資安風險納入。

不過，早年的資安問題沒那麼嚴重就是，畢竟電腦效能、網路速度，以及兩者普及程度，都遠比現代落後。

但是，你也知道，資訊科技發展與變化非常之快，隨著時間軸來到 2010 年之後，我們可以看到行動世代興起、雲端服務變成普遍，如今人幾乎都脫離不了這樣的數位生活，更多複雜的資安問題接踵而至。

因此，全球政府、產業，都要面對這些威脅，因為過往沒有沒有那麼多威脅，我們在享受著資訊帶來的便利下，一開始也沒要求整個產業考量資安、隱私，現在不僅是要面對這些既有問題，設法做出更好因應，同時也要面對新技術、科技持續帶來新的威脅。

大家可以想到的是，現在 2022 年，在這個 2020 到 2030 世代，現在的電腦效能更進步，網路更快速，雲端應用更普遍，人工智慧與物聯網環境已經是更前進一步，甚至智慧城市、智慧汽車、智慧建築、智慧製造也都談了好幾年，這些技術的進步，都讓網路世界的保護變得更複雜。

綜觀這樣的轉變，每個產業都在關注資安，除了會有新的威脅，但一般民眾也同樣需要知道的是，環境並不會一下就改變，而且人也是資安威脅的一大破口，因此全民資安意識的提升，相當重要。

電影中呈現的資安威脅，現實世界也都在應對

在本書第一章中，那些電影中呈現對於國家、社會的資安風險議題，也就是現實世界面對的資安威脅。

因此，全球許多國家也都在設法因應，不論是關鍵基礎建設的資安防護提升，車連網、物連網的安全，甚至針對 AI 技術進步可能引發的人類危機，其實也都有在設法因應。

像是物聯網安全，針對連網設備這類產品，全球都在發展相關資安規範，車連網也是如此，有相關國際標準制訂。

再舉例來說，更新穎的 AI 安全問題，現在也已經受到重視。例如，歐盟在 2022 年發布「人工智慧法」（Artificial Intelligence Act ）與「AI 責任指令」（AI Liability Directive），美國白宮也在 2022 年 10 月發布「AI 權益法案藍圖」（Blueprint for an AI Bill of Rights），希望推動 AI 進步並在保護人類之間取得平衡，聚焦 AI 與自動化系統的在設計、發展與部署上的未來準則，當中包括建立安全及有效的系統、保護個人隱私，闡明用途、允許使用者退出，還要避免演算法的歧視。

甚至，在 2022 年 10 月也有 6 家機器人業者，聯合發布聲明將避免通用機器人被武器化，並要發展能偵測被濫用的機制。

而這背後也要有資安的人去推動，大家要想想，大家在謾罵資安做不好的同時，是否也想過要在每個領域的資安上做出貢獻。

國際局勢感想,從資安看國安,當心認知作戰及觀念錯置

過去和平時期以來,臺灣因為地緣關係,與鄰近國家日本、中國都很友好,天災時也捐款這些國家。而且,文化文字同源關係,台商與中國互動往來,和平的狀況,也幫助了中國經濟成長。

不過,過去 1960 年 20 年台灣經濟發展快速,大家已經遺忘,現代國人多是看到中國、印度高速崛起。

但民主與共產價值觀的持續對峙一直存在,西方世界 VS 俄羅斯,美國 VS 中國。

記得我從學生時期,就很關注國內科技產業消息,同時也注意國內有許多高科技被中國竊取的消息,以及 APT 攻擊不斷的消息,或許你過去已經聽過這些事,但有些民眾可能沒有關注這類消息,就很容易以為鄰近國家都很友善。但實際上網路攻擊不斷,而且自李登輝總統上任以來至今是更為顯現。

儘管中國的人民普遍也是友善,但有很多也是因為資訊獲取有限,導致他們對我們的看法就有偏差,還有就是當地鼓吹民族主義過頭,如果你有看他們網路小說,可能會注意到有一類是專門仇日仇美的小說內容。

中國人民是無辜的,關鍵還是中共政權野心家的問題,當地主要繼承俄羅斯及共產精神的中華文化,文字也變簡體中文,偏向極權專制風氣,已經與我們中華民國臺灣不同,臺灣保留中

華文化精華並結合臺灣文化，使用正統的正體中文，同時也將日治時期基礎建設、原住民融合，偏向民主開放風氣。

儘管，有人可能覺得獨裁政權有時看起來比民主制度更加有效率，因為社會百姓當作軍人在管，效率高。但大家或許可以眼光放長，最近看過國內學者的一番話就指出，專制政權體系不易延續，可能快速地進三十步，但一個錯誤或是接班問題，可能一次下降到零。而民主制度則看起來吵吵鬧鬧、阿貓阿狗都有意見，但民主自由體系就是緩慢地退兩步進三步。

另一方面，上述談到網路攻擊不斷，攻擊型態多元也要注意，除了實體上的高薪誘惑人才，竊取商業機密、政府情資，這些問題大家應該都有關注到，而在網路的威脅上，像是本書一開始提到劍橋分析的紀錄片，大家也要知道了解網路認知作戰的問題，更是中國近年慣用手法，因為他們極權專制體系在內部可以輕易實施言論管控，但同時對外，也可以利用民主國家言論自由特點，於社群媒體操弄目標群眾認知，畢竟侵略若能兵不刃血，他們可以更賺。

畢竟，認知作戰所引起臺灣的激化社會對立，以及使公共政策意見的極化，這也會讓我們在公共政策的理性討論空間，被無限壓縮。(這方面建議可以看沈伯洋 Puma 的臉書，來得到相關威脅資訊)

隨著這幾年的全球局勢，除了中共持續打壓我們的國際地位、我們也持續面對網路攻擊，如今，在香港反送中、中美貿易

戰，以及 2022 年 2 月俄羅斯進軍烏克蘭之下，世界兩大陣營壁壘再度分明，一邊有俄羅斯、北韓、中國，另一邊則有美國、日本、歐盟、臺灣等國，還有利益驅動的駭客組織興風作浪，因此臺灣也需要隨威脅加劇，而持續提高警覺與意識。

而且，從俄羅斯進軍烏克蘭來看，海空軍行動同時也會發動網路攻擊，記得個人在與資安公司總經理的一次訪問中，有一件事印象深刻，就是談到政府都會重視陸海空的國防投資，但國家在網路安全層面的國防投資是否足夠？

無論如何，要讓中共野心家放下攻擊周邊國家的企圖，這是前提，中國與臺灣才有更好的對談，全球也能穩定，很多人可能被誤導而避過這前提不談。

而在對方不肯放棄，且美中對抗加劇的環境之下，我們也應秉持不避戰也不畏戰的精神，畢竟我們無力攻擊對方，但防護概念就是這樣，個人要有自保之道，國家同樣要有自保之道，提高攻擊門檻，讓對方不妄動。

雖然大家都知道我們當兵可能不精實，不過同理心，解放軍的概況也是如此，但我們也還是要充分認知軍力差異，武器、情資就需要國際聯防，這也與現今所談的資安概念相同。

國際上，日本同樣也很關注，畢竟侵略有一就有二，下個目標很可能就是他們，美國也在盤算，畢竟除了臺灣、日本，接下來中國也會協助北韓對南韓侵略，誰都不希望中國挑起事端造成第三次世界大戰。

對於認知作戰，還有一些感想，例如很多是觀念錯置的誤導情況，例如，討論別的國家不會幫助自己，基本上，這就是忽略前提的一種觀念錯置，畢竟，大家應該都有常識，天助自助者，只有自己幫助自己，別人在利益相同下也才會幫助自己，如果大家都能先想到這樣的前提與根本，就不會使得這種假議題容易引發大家口舌、時間的浪費。

23-3 關心國家與企業資安做的如何，最好先有基本認知，才不會浪費大家時間成本

大家除了關心個人資安意識，對於國家、企業資安，可能也會有許多想法，希望國家與企業也有所強化。

確實，你可以看到，政府與企業強化的現況，可能有非常多問題，但是，你在抨擊他們做不好的同時，但一些政府資安、企業資安的觀念應該先要建立，才不會雞同鴨講的情況，也會更有助於釐清政府是否知道問題點在哪，以及能夠有方法有系統去改進。

舉個最常見的例子，最近看到有身為民意代表的立委委員，想要質詢資安問題，卻對基本的整體資安觀念有很大落差。他詢問，當資安事件發生後，要政府承諾資安事件不會再發生，但是，如果你常看資安威脅，就會知道資安無法做到百分百。

我國數位部官員的回答也很有意思，他說：「交通規則頒布後不能保證其他人不再違反交通規則。」希望用類似的道理來溝通。

看到這樣新聞時，不免會想到，因為民眾對於國家與企業安全的認知不足，往往造成溝通成本的浪費，儘管就是因為不專業，才要去質詢專業想要了解，但如果能把最基本的觀念搞清楚，接下來質詢的才會有深度，否則，每個人在不同時間，都在問同樣的問題，真的覺得是浪費了。

這部分與個人資安意識的關注面有些不同，我這裡分開來談。

希望讓大家以後看到企業與政府資安事件問題時，至少閱讀一些基本認知，才能在良好基礎下，更好共同探討接下來該如何做。而不是讓專業資安人員，還要持續花時間去溝通基本觀念，

例如，資安無法做到百分百，只能設法在合理成本下去盡力降低風險，無限上綱只會引發其他更多問題。

還要設想的是，資安威脅風險確實無法避免，有盡力做資安還是會發生事件，但有盡力是好事，應給予鼓勵，但對於完全擺爛不做資安的態度，因為問題根本沒有想要解決，必須予以譴責。

例如，一昧抨擊資安問題發生，有助於幫助資安嗎？（這點其實很多問政情境都適用）還是能夠幫助探究出政府或企業不足之處，針對實際問題檢討，甚至提出解法。

延伸來看，過去，一昧抨擊資安，是否可能造成大家遇到資安事件都不敢講的情況，大家都隱瞞起來，看不見，事件就真的沒有了嗎？

現在強調公私協力資安聯防，就是希望及早通報，讓可能擴散的攻擊行動、同樣手法的攻擊行動，能及早讓大家都先一步能應對。

不要想說自己不會遭受攻擊，要想說攻擊一定會發生，有了這樣的觀念，應該要問的是，是否在攻擊發生時能知道與應變，才是正面應對的心態，以及調查後問題改善的優先程度，而非互相指責。

再者，若只急著復原系統，不追查問題根源與保全證據，難道公司認為事件不會重演嗎？

也不要以為資安只有要看防護？像是美國國家標準與技術研究所（NIST）提出的網路安全框架，涵蓋網路安全風險管理的生命週期，劃分 5 大功能構面，包括：識別、保護、偵測、回應與復原。還要了解一下資安成熟度的概念，需盤點了解現況，並做到逐年強化。

促進資安推動與發展，大家可能還有許多想法，這裡僅列舉一些，整體，還是希望拋磚引玉，希望大家建立個人資安意識，也希望讓外界在看待政府與企業資安時，能有基本了解，甚至投入。像是每次有關資安的修法討論，積極參與也是一種。

畢竟，資訊安全是每個人的責任。話說，每次看到從網紅到台北市議員的邱威傑（呱吉），其質詢場面就很有邏輯，希望能有更多有志之士投入，創造正循環持續出現。

24

從網路小說、自傳、網紅、
Podcast 看駭客故事與資安

話說，先前談過電影、電視劇，這回再來輕鬆一下，談談小說，這裡說一部之前看過，與駭客有關的網路科幻小說，名為「駭客禁區」。

這部小說是在小說出租店看到的，作者會飛的豬，臺灣也有出版社引進出版，是銘顯文化事業有限公司。

當時看了有興趣，只記得第一次在漫畫店看到此書時，好像只出了兩三本還沒出完，由於引進此書的地方很少，記得家門口的小說店都沒看過，那時是在通化夜市附近的小說店看到，在網路找該作者當時好像也還在慢慢更新，還是找不到，真的有點忘了。

記得，中間隔了許久未出，以為又是斷頭作品，不過後續終於有把這部書看完。甚至，之後隔幾年，又發現這本書出第二部，又繼續有追完。

先說明，基本上，這是一部貼近 YY（非意淫，衍生泛指看爽的小說）的作品，比較偏打發時間用，雖然很多年前看的，但仍有不少印象。這部小說的主角尼克，是一個在網路與電腦方面很天才的主角，又很小屁孩。

在學生時代，尼克就在網路上呼風喚雨，大家也不知道他的身分，不過科技公司大老闆都向他買程式，甚至大學教授是小弟，校園生活中卻很樸實卻也熱鬧，然後跟兩個女主角勾勾纏，記得叫露妮與薇琪吧，也是有校園小說那種味道啦。後面記得還有國家軍隊到學校來抓人，國家大戰時被請去，許多搞笑的場景之類。小說嘛，看看過癮就好。

這裡也引述小說中的對話內容，是可以引發一些想法，例如，小說中伯恩老爹對尼克說的一句話：「我想說的是，就算你以後成為駭客，這都不重要，重要的是，我希望你能瞭解駭客真正的意義，或許安全專家會受到世人矚目和稱讚，而駭客成為網路破壞者的代名詞，其實真正的駭客，則是默默無名的悍衛著網路的安寧，不管你以後成為駭客還是安全專家，我只是希望你能遵循著最基礎的一條原則，那就是問心無愧！」

尼克沉默了，這些話一直在心中激盪，當時 ONK 也問到過同樣的問題，這也是讓他一直迷茫的問題，至少現在他明白了，成為一個駭客真正的意義，他的人生開始有了目標，就是成為一個真正的駭客，一個問心無愧的駭客！（資料來源：駭客禁區）

此外，像是你可以看到小說中形容「肉雞」，看多了也就認識這是指網路上大量被控制的裝置。

後來在網路上也有查一下，值得注意的是，普遍會查到凱文・米特尼克的維基百科，可能就是借此角色背景改編。網路的討論不少，有一說由真人真事改編與瞎掰而成。

所以，除了駭客禁區小說之外，大家也可以看看由 Kevin David Mitnick（凱文・米特尼克）出版的《駭客人生：全球頂尖駭客的真實告白》，英文書名為 GHOST IN THE WIRES: My Adventures as the World's Most Wanted hacker。

在小說之外，至於漫畫，知道日本很早就有用漫畫介紹技術與資訊的書，但資安漫畫這方面還真的不熟，而中文內容曾看過趨勢科

技、警方有用四格漫畫形式來做宣導，但通常都是針對一個主題，而不是全部都用漫畫去講不同資安主題。

最後我們再從現在最夯的 Youtuber 網紅與 Podcast 來認識資安，不過，剛開始想談 Youtuber 面向時，其實筆者一開始沒有太多頭緒，因為，老實講，自己在 2019 年之前，還真沒注意過國內有專講資安的網紅。

以專業性質一點來看，還比較好找，像是 iThome「大話資安」，會針對重要資安主題找到相關資安專家來訪談。但一般網紅專談資安、網路安全與駭侵的我沒有特別印象。

話說，我記得三、四年前，曾經看過兩個老外談資安事件，說明事件經過手法，場景就像是目前盛行的遊戲直播主持一般，不過一時也找不到之前看過的影片，印象是主持人講的語言好像是歐洲語系，自己是覺得，對於一些事件能用電競報導形式來說明與重現過程，感覺是有吸引力。

回到主題 YouTuber，由於國內沒有專講資安的網紅，不過有很多知識型 YT 會談論這方面主題，不過這幾年看下來有一個感想，大家的確可以從這種形式來認識資安，不過，因為許多 YT 可能涉及多類型議題，這類自媒體興盛後，其個人或團隊資料查證能力的乖離可能比以往更大，你可以想到的是，有的靠譜，有的不靠譜。

這就如同現在假訊息、不實資訊問題相同，自己在認知過程中，都要多方查詢。

還有一個隱性議題要注意，就是要懂臺灣慣用語。

舉例來說，之前一個中國用語測驗的網站很熱門，像是 Joeman 等 Youtuber 也有拍自己測試經驗。

但我覺得大家沒注意的是，使用中文的地區有很多，不只中國、香港、臺灣，還有馬來西亞、全球華人，因此每個地方都有各自慣用語，還要加上各地網路用語潮流影響及轉化。

的確中國是最大中文社群，網路上容易查到資訊很多，看習慣可能會使用，儘管有人認為網路用詞通用無所謂，但這就跟我們看到英文等字詞一樣，在使用溝通上，我們會轉換成在地慣用語法。

像是臺灣常用「影片」一詞，不會用視頻，該用「網路」不會使用成網絡，該用「透過」時不會使用通過，通過會用在別處。還有專有名詞方面，像是資訊科技領域中，硬碟我們不會說成硬盤，還有像是 Server 一詞，長年來我們都是使用「伺服器」，中國是直翻成服務器，香港也是服務器。

而且，中國用語僅少數在語境裡上突出，更多的是失義或生硬的譯詞。儘管網路讓文化糾結，受眾變複雜，但用詞是會產生干擾的，上述通過的用法之外，最近看到網路上所列的衝突比較：

英文 Program 一詞，臺灣是「程式」，中國是程序

英文 Process 一詞，臺灣是「程序」，中國是進程

因此，可不要以為都是中文，使用起來沒差。

除了 YouTuber 之外，現在也很夯的就是 Podcast，畢竟，現代人視覺內容很久了會累，過去就有廣播了，現在 Podcast 儼然就是一個隨選的廣播內容，到了 2019 年後期，隨著 YouTuber 市場飽和，Podcast 成為新藍海，後續我們也看到有專門談論資安的 Podcast 節目出現，在此也推薦大家，包括：「我們與駭的距離」、以及「資安解壓縮」。

♟♟♟ 網路小說《間客》：主角不被聯邦憲章光輝監控

題外話，這裡也聊聊之前看過的網路小說中，有一部相當有趣，那就是貓膩的《間客》，雖然也像骷髏精靈的《機動風暴》、方想的《師士傳說》以機甲為題材（這兩部爽度也很不錯，一個將受歡迎的故事劇情制式化出後續，一個是故事很跳的風格），不過《間客》這部小說的劇情，是主角許樂出身在一個充滿憲章光輝的聯邦，基本上，第一憲章是其他文明逃難來所餘下的科技，是很強大的 AI 電腦，而主角許樂卻能取出頸後的晶片脫離 AI 電腦掌握，就是不希望被聯邦監控所束縛。

甚至 AI 電腦後來也人性化並能與主角溝通，主角又發現自己其實是來自聯邦的敵人帝國，而聯邦與帝國其實都是都深受另一文明影響。雖然國內出版社也有引進出版，但只出到一半就沒出，後面就只能從網路追。

A

....

後記

本書主要還是五四三一些資安的面向，多想想風險的問題，可能你也會想到文章中未提及的面向，就會懂得自己去查清楚，並且有了比書中更好的答案。

還有像是要注意有些新聞報導可能造成的資安觀念混淆，或是想到沒提及的問題，或是想到是不是帶偏了問題，畢竟一般民眾資安觀念有程度落差，而許多報導者的資安觀念是否同樣有此狀況，最終還是要自己要學會識別才是，而且你要知道，技術與資安觀念也是不斷在轉變。

無論如何，本書這樣的內容主要還是希望大家多接觸資安的問題，對於專業資安知識，你還是可以多從資安專家得到答案。

而你也該知道的是，確實每個面向都有資安的議題，一般民眾也不可能全都搞清楚，而且，沒有人不會犯錯。但希望大家至少能把基本的資安意識，提升到一個水準線。畢竟，就像書中最前面所說，大家其實都有風險意識，過馬路你就知道有風險，出去裸奔也知道有隱私問題。

而且，資安環境的改變也不是一蹴可及，例如，就像先前說到任何軟體是人寫的都有漏洞，因此現在一些公司也在要求安全開發，但有多少工程師有這樣的意識或公司有這樣的意識，因此現在資安領域都在談資安成熟度的觀念，就是要知道自己的資安現況，並有順序的依重要性規畫未來強化的方向。

因此，有時看到一些人只會指責對方資安沒做好，可能也要想想情況，如果對方公司真的沒資安觀念，是真的很需要點醒，如果有心做資安又很開放的態度，則是需要鼓勵才是。

例如，發生資料外洩資安事件時，主動公布，積極處理並提供受影響用戶的解決之道以表示負責；而被外界質疑才公開資安事件，就落入下乘；而發生資安事件，不揭露也不告訴用戶該如何因應，就真的相當糟糕。

此外，現在法規面也會要求，像是開始有針對物聯網設備的標章，但這些並不會馬上全部都做到，因此既然問題仍然存在，我們就要面對與注意。

▌累積資安意識與觀念，從現在做起

看到最後，這裡分享一個小秘訣，就如同筆者參賽 iT 邦幫忙鐵人賽，需要挑戰連續 30 天發文。

你也可以這麼做！例如，沒能一口氣一次看完本書，你可以一天看一個章節。

當然，你不必執著於「持續」，可以先試著從「思考」開始，像是每天閱讀幾個段落，或是一天閱讀一個章節，就像開始玩遊戲時的嘗試一樣。先別急著看完，而是打開書本，每天閱讀一點點，持續一個月之後，就可以抵達終點。

此外，本書還提到許多資安相關電影，你可以寫下你有興趣的電影，先安排一周看一部電影，或者每天看一篇資安相關的新聞。還是你覺得螢幕看太多，想用聽的，也可以每天晚上聽一篇 Podcast，把想要接觸資安變成這陣子的習慣。

讀者回函

讀者回函

感謝您購買本公司出版的書，您的意見對我們非常重要！由於您寶貴的建議，我們才得以不斷地推陳出新，繼續出版更實用、精緻的圖書。因此，請填妥下列資料(也可直接貼上名片)，寄回本公司(免貼郵票)，您將不定期收到最新的圖書資料！

購買書號：　　　　　　　書名：

姓　　名：＿＿＿＿＿＿＿＿＿＿＿＿＿＿＿＿＿＿＿＿＿＿＿＿＿

職　　業：□上班族　　□教師　　□學生　　□工程師　　□其它

學　　歷：□研究所　　□大學　　□專科　　□高中職　　□其它

年　　齡：□10~20　□20~30　□30~40　□40~50　□50~

單　　位：＿＿＿＿＿＿＿＿＿＿＿＿　部門科系：＿＿＿＿＿＿＿＿

職　　稱：＿＿＿＿＿＿＿＿＿＿＿＿　聯絡電話：＿＿＿＿＿＿＿＿

電子郵件：＿＿＿＿＿＿＿＿＿＿＿＿＿＿＿＿＿＿＿＿＿＿＿＿＿

通訊住址：□□□＿＿＿＿＿＿＿＿＿＿＿＿＿＿＿＿＿＿＿＿＿＿

您從何處購買此書：

□書局＿＿＿＿＿　□電腦店＿＿＿＿＿　□展覽＿＿＿＿＿　□其他

您覺得本書的品質：

內容方面：　□很好　　　□好　　　□尚可　　　□差

排版方面：　□很好　　　□好　　　□尚可　　　□差

印刷方面：　□很好　　　□好　　　□尚可　　　□差

紙張方面：　□很好　　　□好　　　□尚可　　　□差

您最喜歡本書的地方：＿＿＿＿＿＿＿＿＿＿＿＿＿＿＿＿＿＿＿＿

您最不喜歡本書的地方：＿＿＿＿＿＿＿＿＿＿＿＿＿＿＿＿＿＿＿

假如請您對本書評分，您會給(0~100分)：＿＿＿＿＿＿　分

您最希望我們出版那些電腦書籍：

請將您對本書的意見告訴我們：

您有寫作的點子嗎？□無　　□有　　專長領域：＿＿＿＿＿＿

GIVE US A PIECE OF YOUR MIND

Give Us a Piece Of Your Mind

歡迎您加入博碩文化的行列哦！

請沿虛線剪下寄回本公司

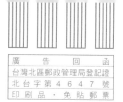

廣 告 回 函
台灣北區郵政管理局登記證
北 台 字 第 4 6 4 7 號
印 刷 品 ・ 免 貼 郵 票

221

博碩文化股份有限公司　產品部

台灣新北市汐止區新台五路一段112號10樓Ａ棟

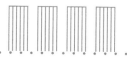